BRYOLOGIE D'EUROPE,

PUBLIÉE

EN MONOGRAPHIES,

PAR

BRUCH et W. P. SCHIMPER.

PREMIÈRE LIVRAISON. — N° 1.

Phascum.

AVEC 7 PLANCHES.

PARIS,

CHEZ J. ALBERT MERKLEIN, LIBRAIRE,

11, RUE DES BEAUX-ARTS.

1836.

BUXBAUMIACEÆ.

BUXBAUMIA, Lin.

Character naturalis. Planta minima habitum mentiens phascoideum, foliis ovatis, ciliatis. Capsula magna, irregularis, brevi-apophysata, oblique depressa limbo prominente in duo latera dissimilia dimidiata, quorum superius planiusculum inferius convexum, seta elongata crassa scaberrima. Vita solitaria vel gregaria, nunquam cœspitosa, annua. Habitatio sylvatica, in terra seu lignis putridis.

Character genericus. Peristomium duplex; *exterius* nunc membrana e strato duplici cellularum conformata, apice emarginata vel fissa, nunc dentes moniliformes, inæquales; *interius* membrana tenerrima, pallida, in conum tubulosum plicata, apice emarginata. *Calyptra* parva, coriacea, cylindrico-campanulata, obtusa, margine integra seu latere fissa. *Capsula* maxima, brevicollis, oblique depressa, annulo sedecies lacerato siccitate revoluto. *Sporangidium* filamentis pallidis transversalibus capsulæ adhærens. *Sporæ* capiosissimæ, minimæ, læves, globosæ. *Columella* magna e cellulis laxis conflata, apice attenuato cum operculo deciduo. Pedicellus pseudo-vaginulatus. *Flos* monoïcus; *genitalia mascula* nuda, foliis perichætialibus axillaria, sessilia vel pedicellata, globosa vel ovata, latere vel apice dehiscentia, fovillam mucoso-granulosam ejicientia; *genitalia feminea* 3—4 terminalia, foliis paucis inclusa, paraphysibus destituta.

BUXBAUMIA APHYLLA, Haller. *Caule brevissimo in terra abscondito; foliis inferioribus profunde dentatis, superioribus longissime ciliatis vel palmatis; peristomio exteriori membranaceo.*

B. APHYLLA. Linn., *Spec. plant.*, édit. Reich., t. IV, p. 453; *ejusd. de Buxbaumia dissertatio, in Amœn. acad*, t. V, p. 78. Buxbaum, *Contin. plant. min. cognit.*, II, t. 8, fig. 2. J. G. Hoelzel, *Dissert. inaug. bot.*, Erlang., 1758 (*in Schmidel Dissert.*) Web. et Mohr, *D. T.*, p. 381. Hedw., *Spec. musc.*, p. 166. Schwægr., *Suppl.*, I, p. II, p. 65. Hook. et Tayl., *Musc. brit.*, p. 84, t. V. *Engl. Bot.*, t. 1596. Funk, *D. M.*, t. XXIV. Mougeot et Nestler, *Stirp.*, n° 38.

HIPPOPODIUM APHYLLUM. Fabric., *in primit. flor. Butisb.*, p. 31.

SACCOPHORUM. Palisot-Beauvois, *Prodrom. des 5ᵉ et 6ᵉ fam. de l'Æthéogamie.*

Habit. Collines et montagnes couvertes de hêtres et de sapins, bruyères ombragées, en société avec les *Polytrichum urnigerum* et *aloıdes*, le *Lecidea icmadophila*, aime surtout les petits escarpemens tournés vers le nord, couverts de jeunes lichens et de matière verte, dans les Vosges, la Forêt-Noire, la Suisse, en Franconie, dans les forêts de sapin près de Munich, en Angleterre, etc. C'est le botaniste-voyageur Buxbaum qui a découvert cette espèce sur les bords du Wolga, dans le voisinage d'Astracan.

Maturité. Commencement de l'été; les jeunes plantes se trouvent au mois d'août et de septembre. ☉

Plante très-petite, semblable à un petit Phascum, cachée en partie dans la terre, à *feuilles* ovales, palmées ou profondément dentées; après la fécondation d'un ovaire, la petite tige s'allonge et grossit considérablement par sa partie supérieure, ou plutôt c'est le réceptacle qui prend ce développement extraordinaire en longueur et en grosseur, et tient lieu d'une vaginule[1]; il se développe une grande quantité de feuilles entrelacées avec un tissu filamenteux qui naît également à la surface du réceptacle; ces feuilles se distinguent de celles de la jeune plante, en ce qu'elles sont plus profondément incisées, les dents s'allongent au point de former des cils et même de longs filamens articulés qui se ramifient et contribuent à former ce tissu compact qui recouvre la fausse vaginule; les feuilles inférieures prennent une couleur plus foncée, brunâtre, et finissent par disparaître avec l'âge; les feuilles supérieures, ainsi que les filamens byssiformes, prennent la même teinte, mais elles existent encore lors de la maturité des capsules[2].

Pédicelle assez long, fort, couvert de callosités, non contourné par la dessiccation. *Capsule* oblique, en forme d'œuf déprimé[3], irrégulière, présentant deux faces principales séparées par une ligne élevée, dont la supérieure est plus

---

[1] On peut donc regarder les Buxbaumiacées comme des véritables *musci evaginulati*, car la partie qui tient lieu de vaginule n'est autre chose qu'un rameau fertile, ou le réceptacle développé d'une manière anormale. Nous reviendrons sur cette singularité quand nous traiterons de la morphologie etc. des mousses.

[2] Il n'est pas rare de trouver de jeunes plantes complètes stériles dans le tissu filamenteux du pied d'une capsule mûre; ces plantes se trouvaient à côté et ont été entraînées et entortillées, pour ainsi dire, dans les longs filamens.

[3] On a comparé cette forme à un sabot de cheval; de là la dénomination d'*Hippopodium*.

plane, de consistance plus tendre, de couleur moins foncée que la face inférieure qui est bombée et brillante; la lisière qui sépare ces deux faces forme un
ovoïde régulier dans un plan incliné; apophyse courte, en forme de cône
tronqué renversé; membrane capsulaire coriace, lisse, d'un brun-châtain brillant. *Opercule* obtus, conique ou cylindrique, persistant. *Coiffe* fugace, conico-
cylindrique, surmontée d'une partie du pistil, à base entière ou déchirée, ne recouvrant que l'opercule. *Sporules* sphériques lisses, très-petites. *Anneau* large,
formé de la couche extérieure des cellules de la membrane capsulaire, dépassant
l'orifice, formant une couronne à cellules hexagonales régulières, indivis lors de la
chute de l'opercule, se déchirant peu après en lambeaux qui se roulent en arrière
par la dessiccation, et finissent par tomber[1]. *Peristome extérieur* formé d'une
membrane assez forte, à deux couches de cellules allongées, irrégulièrement échancré ou déchiré, de couleur brunâtre, couché contre l'intérieur à l'état humide,
s'en détachant par la dessiccation. *Péristome intérieur* tirant l'origine du sac spo
rophore, membraneux, très-tendre, blanchâtre, finement pointillé, se plissant
longitudinalement en cône, et se contournant faiblement par la dessiccation.
Organes mâles globuleux ou ovoïdes, très-petits, libres dans les aisselles des
feuilles, sans paraphyses. *Organes femelles* peu nombreux, trois à quatre,
courts, épais, sans paraphyses, cachés dans un bourgeon à six feuilles.

Nota. Les couches cellulaires de la capsule, au nombre de trois à quatre,
sont intimement liées entre elles, de sorte qu'on ne remarque jamais une séparation de la couche extérieure, comme dans l'espèce suivante. La membrane dorsale tombe entièrement après la maturité de la capsule, et laisse à découvert le
sporophore.

Explication des figures.

Pl. I.

Fig. 1 *a*, jeunes plantes de grandeur naturelle; *b, b*, vues au microscope. Fig. 2, plante
à ovaire fécondé. Fig. 3, état plus avancé (une partie des filamens byssoïdes a été écartée
pour montrer les feuilles). Fig. 4, *idem*, dépouillé de la plus grande partie des feuilles et
des filamens. Fig. 5, état encore plus avancé. Fig. 6, jeune capsule à l'époque où elle jette
la coiffe. Fig. 7 *a*, capsule mûre de grandeur naturelle; *b*, *id.*, amplifiée. Fig. 8, 9, 9,
feuilles inférieures. Fig. 10, feuille supérieure. Fig. 11 *a, b*, anthéridées. Fig. 12, pistils.
Fig. 13, opercule. Fig. 14, coiffe. Fig. 15, sporules. Fig. 16, péristome au moment où l'on
a ôté l'opercule. Fig. 17, péristome, avec l'anneau qui s'est déjà déchiré. Fig. 18, péristome à l'état sec. Fig. 19, portion du péristome très-amplifié. Fig. 20, coupe transversale

---

[1] Cet anneau a été regardé par plusieurs auteurs comme un troisième péristome.

du pédicelle. Fig. 21 , portion de l'anneau. Fig. 22 , coupe transversale de la capsule. Fig. 23, sporophore. Fig. 24 , columelle. Fig. 25 , pied de la capsule. Fig. 26 , partie inférieure du pédicelle caché dans la fausse vaginule. Fig. 27 , la même, dénuée de feuilles. Fig. 28, membrane extérieure de la même privée de feuilles. Fig. 29 , feuille supérieure. Fig. 30 , portion d'une coupe transversale du rameau fructifié. Fig. 31 , tissu cellulaire des feuilles. Fig. 32, tissu cellulaire de la membrane capsulaire. Fig. 33, vieille capsule. Fig. 34 , sporules qui commencent à germer. Fig. 35 , filamens qui attachent le sac sporophore.

BUXBAUMIA INDUSIATA , Brid. *Capsula subobliqua, ovato-oblonga, pallescente; peristomio exteriori dendato, dentibus moniliformibus.*

Bridel, *Bryol. univ.*, I, p. 331 . tab. S., II.

B. APHYLLA β VIRIDIS. Mougeot et Nestler, *Stirp. Crypt.*, fasc. VIII , n 724.

Hab. Mêmes localités que l'espèce précédente, sur du bois pourri, dans les Vosges, près Bruyères (Mougeot), près Mende (Prost), près Kaiserslautern, en Bavière rhénane (Koch), près Hanau , en Suisse, en Calabre, dans le Jura , etc., très-rare.

Matur. Printemps. ⊙

Cette espèce a une très-grande ressemblance avec l'espèce précédente ; elle s'en distingue cependant facilement, autant par la forme et la couleur de la capsule que par le péristome extérieur.

Capsule plus grande et plus allongée, ovale, presque droite, à lisière moins prononcée, très-tendre et d'une couleur jaune-verdâtre ; à la maturité, la couche extérieure des cellules se détache en forme d'épiderme, se déchire en lambeaux qui se roulent en arrière et restent attachés à la lisière. *Opercule* plus court et plus large. *Péristome* extérieur composé de seize dents ou davantage, qui sont obtuses, de longueur inégale, presque moniliformes, couchées dans les plis du péristome intérieur, qui ressemble à celui de l'espèce précédente. *Anneau* se détachant par morceaux ou par cellules isolées. *Anthéridies,* pédicellées, globuleuses.

Explication des figures.
PL. II.

Fig. 1 *a*, plante fructifiée de grandeur naturelle ; *b*, grossie. Fig. 2 *a*, opercule ; *b, idem* montrant le sommet de la columelle. Fig. 3 , péristome. Fig. 4 , portion de péristome. Fig. 5 , dents isolées du péristome extérieur. Fig. 6 , couche extérieure de la membrane capsulaire avec une portion de l'anneau. Fig. 7 , tissu cellulaire de la membrane capsulaire. Fig. 8 , sporophore. Fig. 9 *a*, le réceptacle changé en vaginule ; *b*, coupe verticale. Fig. 10 , coupe transversale de la capsule. Fig. 11 , coupe transversale du pédicelle. Fig. 12 , portion d'une feuille supérieure. Fig. 13 , anthéridies. Fig. 14 , sporules.

BUXBAUMIACEÆ.

DIPHYSCIUM, Web. et Mohr.

Character naturalis. *Plantæ* gemmiformes, dense foliosæ. Capsula subsessilis, ventricosa foliis perichætialibus longe aristatis immersa. *Vita* gregaria, cæspitosa, perennis. *Habitatio* sylvatica, terrestris et rupestris.

Character genericus. *Peristomium* duplex; *exterius,* annulus membranaceus, cellulis minimis rotundatis, subdentato-emarginatus, pallescens; *interius,* membrana tenerrima, pallida, in conum truncatum plicata. *Capsula* maxima membranacea, basi ventrose inflata, in pedicello subevaginulato. *Sporangidium* parvum capsula filamentis articulatis adhærens. *Columella* magna, apice attenuato cum operculo labente. *Flos* monoicus, diclinus, terminalis; *masculus* gemmiformis, in ramulis basi radicantibus brevibus, folia perigonialia exteriora caulinis similia, interiora ovato-lanceolata acuminata evanidinervia, antheridiæ copiosæ, paraphyses longiores brevi-articulatæ apicem versus incrassatæ; *femineus* gemmiformis, folia perichætialia exteriora ovato-lanceolata, nervo in aristam longissimam procedente instructa, apice dentata vel lacerata, pistilla elongata paraphysibus brevioribus filiformibus stipata.

DIPHYSCIUM FOLIOSUM, Web. et Mohr. *Caule breviori, superne innovante; foliis caulinis ligulatis, superioribus majoribus, ovatis, margine membranaceis, costa in aristam procurrente rugosam instructis; capsula subsessili, magna, ovato-ventricosa, abliqua.*

D. FOLIOSUM. Web. et Mohr, *Bot. Taschb.*, p. 077, t. XI, fig. 1. Hook. et Tail., *Muscol. britan.*, p. 31, t. I et VIII. Brid., *Bryol. univ.*, I, p. 326. Funck, *Deutschl. Moose*, t. XXIV, n° 1. Mougeot et Nestler, n° 37.

BUXBAUMIA FOLIOSA. Linn., *Syst. veg.*, p. 945. Hedw., *Spec. musc.*, p. 166. Smith, *Fl. brit.*, p. 1148. Schwægr., *Suppl.*, I, p. II, p. 65.

B. SESSILIS. Hoelzel, *De Buxb. Dissert.*, p. 26, t. I (*in* Schmidel *dissert.*). Dillen *musc.*, t. 32, fig. 13.

Var. β. *Foliis inferioribus acuminatis, superiorum arista lævi.*

Habit. Montagnes couvertes de bois, sur la terre, surtout dans les chemins
creux en société avec le *Polytrichum aloides, l'Hypnum velutinum.*

Matur. Toute l'année. ♃

Tige simple, très-courte dans la première année, poussant dans la seconde
une innovation terminale (fig. 2 *b.*), fertile et plusieurs jets latéraux portant les
fleurs mâles. *Feuilles* inférieures en formes de languettes, épaisses, formées de
trois à quatre couches de cellules très-petites, à nervure forte, disparaissant sous
le sommet, couleur d'un vert foncé; feuilles supérieures ou périchétiales très-
différentes, grandes, ovales, ciliées ou déchirées au sommet, terminées par
une longue pointe dentelée provenant de la nervure, transparentes vers le
bord, plus épaisses vers le milieu, formées de deux couches de cellules à la
base, de trois au milieu et d'une seule au sommet. *Capsule* enfoncée dans les
feuilles périchétiales, grande, ovoïde, renflée à la base, rétrécie supérieurement,
à orifice dressé, d'une teinte jaune de paille, très-molle. *Sporophore* petit,
attaché à la membrane capsulaire par des filamens transverses articulés. *Pédicelle* très-court, caché dans une gaînule membraneuse (*Vaginula adauctrix*
de Bridel, gaînule qui se voit surtout dans les Orthotrics). *Vaginule nulle*[1].
Opercule conique, en forme de bec. *Coiffe* droite, conique, à base entière,
ne recouvrant que l'opercule. *Anneau* non séparable de l'orifice, formé d'une
bande étroite de cellules rondes. *Péristome* double; l'extérieur sous forme d'un
anneau étroit, pâle, échancré en dentelures mousses; l'intérieur semblable au
péristome intérieur des *Buxbaumia;* plissé en cône tronqué, tendre, membraneux, blanchâtre, finement pointillé, provenant du sac sporophore. *Sporules*
nombreuses, très-petites, lisses. *Fleurs mâles* en forme de bourgeons, terminales aux rameaux qui naissent à la base de la plante fertile, et qui, en poussant
des racines, paraissent former des plantes distinctes; feuilles périgoniales extérieures, semblables aux feuilles caulinaires; les intérieures ovales, pointues, concaves, à nervure peu prononcée; anthéridies, nombreuses, entremêlées de paraphyses plus longues. *Pistils* grêles, plus longs que les paraphyses.

---

[1] Comme les *Buxbaumia,* cette mousse manque de vaginule proprement dite; c'est la pousse terminale fertile qui en tient lieu. Voy. *Buxb. Aphylla,* note 1.

Explication des figures.

PL. II.

Fig. 1 *a*, plantes vues à la loupe; *b*, amplifiées davantage; *c*, jeune plante de l'année. Fig. 2, capsule sans opercule, avec l'ancienne tige, *a*, et l'innovation, *b*, tenant lieu de vaginule. Fig. 3, coiffe. Fig. 4, opercule. Fig. 5, partie supérieure de la capsule avec le péristome; *a*, anneau; *b*, péristome extérieur; *c*, péristome intérieur. Fig. 7, sporophore. Fig. 8, columelle. Fig. 9, coupe transversale de la capsule. Fig. 10, coupe transversale du péristome intérieur. Fig. 11, coupe verticale du rameau fructifié. Fig. 12, bourgeon renfermant les organes femelles. Fig. 13, le même bourgeon ouvert; *a*, pistil à ovaire fécondé; *b*, *b*, deux pistils qui n'ont point été fécondés; *c*, *c*, deux pistils avortés après la fécondation; *d*, pointe d'une jeune feuille périchétiale; *e*, feuille rudimentaire intermédiaire aux vraies feuilles et aux paraphyses; *f*, feuille périchétiale; *g*, paraphyses. Fig. 14, pistil fécondé isolé. Fig. 15, bourgeon mâle. Fig. 16, le même ouvert. Fig. 17, anthéridie. Fig. 18, feuille caulinaire. Fig. 19, feuille périchétiale. Fig. 20, feuille périgoniale intérieure. Fig. 21, coupe transversale d'une feuille périchétiale. Fig. 22, coupe transversale d'une feuille caulinaire. Fig. 23, pointe d'une feuille périchétiale. Fig. 24, tissu cellulaire d'une feuille périchétiale.

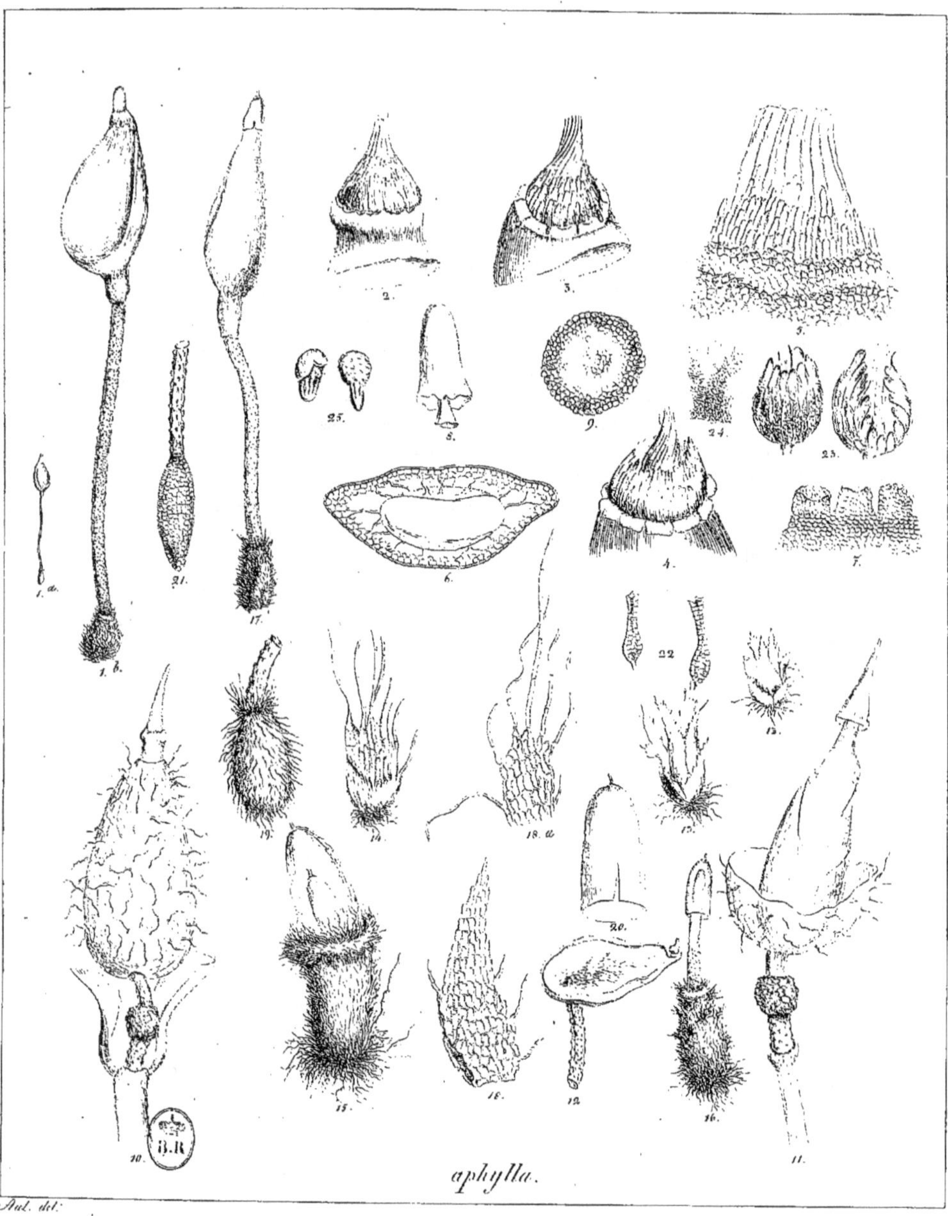

Aut. del.
aphylla.

BUXBAUMIACEAE
Buxbaumia. L. & Diphyscium. W. & M.

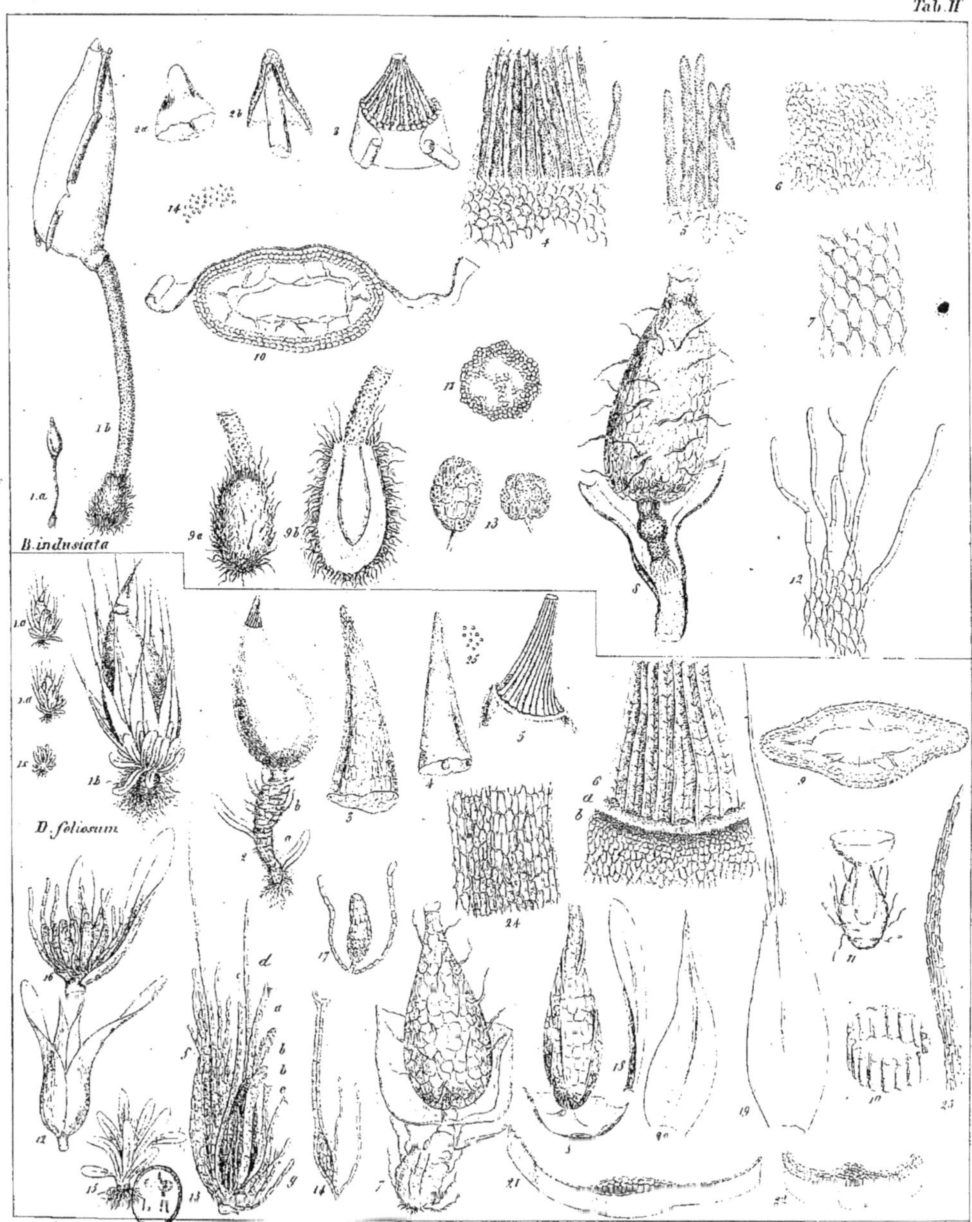

PHASCACEÆ.

PHASCUM, Lin.

CHARACTER NATURALIS. Plantæ minimæ pusillæ, subacaules ; majores
caulescentes ramulosque emittentes. Caulis ramulique terminaliter fructiferi.
Capsula clausa, sessilis foliisque perichætialibus immersa, seu pedicellata emersa.
Habitatio terrestris, in argillaceis et limosis subhumidis, talparum tumulos
campestriaque culta amantes. *Vita* autumnalis vel vernalis, annua perennisve,
solitaria vel gregarie cæspitosa.

CHARACTER GENERICUS. Capsula clausa, astoma, matura dehiscens, nunc
cum nunc absque pedicello decidens. *Calyptra* subintegra erecta campanulato-
conica, vel latere fissa, obliqua, cuculliformis. *Sporæ* globosæ læves vel granulatæ.
Florescentia monoica vel dioica; *flos masculus* gemmiformis, rarius discoideus;
femineus terminalis, gemmiformis; *genitalia* utriusque generis haud copiosa;
paraphyses filiformes.

Les espèces de ce genre se sousdivisent en deux groupes principaux, d'après
la position des organes mâles, et en plusieurs sous-groupes, d'après la durée de
la vie, l'absence ou la présence des filamens confervoides (Pseudocotylédons de
HEDWIG), l'absence ou la présence de la columelle, enfin d'après la forme des feuilles.

Plusieurs espèces se rapprochent des Desmatodontées et des Dicranacées, par
la structure du tissu cellulaire des feuilles, par l'aspect extérieur (*habitus*) et
par la position des organes mâles : c'est ainsi que le *Phascum rostellatum* se lie
naturellement à l'*Hymenostomum microstomum* et au *Weissia controversa*, et
le *Phascum rectum* au *Weissia starkeana* et au *Gymnostomum minutulum*, dans
la société desquels on le trouve ordinairement; une seule espèce, le *Phascum
patens*, offre une grande analogie avec les Funariacées.

Presque toutes les espèces connues appartiennent à la Flore d'Europe. Fuyant
également et les chaleurs du midi et les rigueurs du nord, ces nains de l'empire
de Flore vivent de préférence dans les pays tempérés; ils ne s'élèvent jamais sur

1

les hautes montagnes, à l'exception du *Phascum curvicollum,* qu'on a trouvé dans les Alpes. Recherchant toujours un terrain argileux et humide, ces jolies mousses se rencontrent principalement dans les étangs desséchés, dans les champs de trèfle et dans les prés quand on y trouve quelques endroits dénués d'herbes; elles ne s'égarent jamais dans les grandes forêts; on peut dire qu'elles sont essentiellement champêtres.

I. FLEURS DIOIQUES.

A. Plante presque privée de tige, entourée d'un tissu confervoïde. Capsule enfoncée dans les feuilles; columelle imparfaite, représentée par un tissu cellulaire très-peu consistant, qui disparaît à la maturité des sporules.

1. PHASCUM SERRATUM, Schreb. *Foliis lanceolatis, grossè dentatis, enerviis; capsula subsessili, ovato-globosa, puniceo-fusca.*

> PHASCUM SERRATUM. Schreder, *De Phasco,* p. 9, t. II. Hedw., *Spec. musc.,* p. 23. *Engl. Botan.* t. 460. Funck, *Deutschl. Moose,* t. 1, n. 10. Hooker et Taylor, *Muscol. britan.,* p. 4, t. V. Web. et Mohr, *Taschenb.,* p. 71. Bridel, *Bryol. univ.,* t. I, p. 28. Nees et Hornsch., *Bryol. germ.,* I, p. 35, t. IV. fig. 1.
>
> PHASCUM STOLONIFERUM. Dicks., *Crypt.,* fasc. 3, t. VII, fig. 2. Smith, *Fl. brit.,* p. 1157. *Engl. Bot.,* t. 2006 [1].

Var. β. *Angustifolium; planta minima, foliis lineari-lanceolatis, plus minusve denticulatis; capsula minori.*

Hab. Terrains argileux et humides, dans presque toutes les parties d'Europe. Var. β. En Sardaigne (Müller).

Matur. En automne et au commencement du printemps. ☉

Tige presque nulle, garnie de 6—9 feuilles et de radicules très-développées. *Feuilles* sans nervure, droites, ouvertes, souvent tournées d'un même côté; les inférieures petites, ovato-lancéolées, à bord très-légèrement dentelé; les supérieures très-grandes, lancéolées, plus ou moins grossièrement dentelées, rarement sans dentelure, concaves, d'un vert clair, à tissu cellulaire très-laxe. *Vaginule* en forme de cône renversé. *Pédicelle (seta)* très-court, transparent, très-tendre, dépassant à peine la vaginule. *Capsule* très-développée, ovoïde ou presque sphérique,

---

[1] Le *Phasc. stoloniferum,* Dicks., paraît évidemment appartenir à cette espèce, à en juger d'après les descriptions données dans les ouvrages anglais; aussi les auteurs de la *Muscologia britannica* sont-ils de cette opinion. Bridel a conservé l'espèce; il paraît avoir été induit en erreur par la dénomination de *surculi filamentosi,* donnée aux filamens confervoïdes, et qu'il nomme *caulis repens, nudus, flexuosus, ramosus.* Les *ramigemmiformes* ne sont autre chose que les plantes elles-mêmes.

à bec court et ordinairement droit, de couleur brun-rouge; le sac sporophore, formé d'une membrane pâle très-tendre, en occupe presque tout l'intérieur. *Coiffe* campaniforme avant la maturité, se déchirant plus tard d'un côté et devenant cuculliforme. *Sporules* très-grandes, opaques, granuleuses, sphériques, ou gardant plus ou moins leur forme primitive de tétraèdre. *Plante mâle* dans le voisinage ou à la base du pied fructifère, entourée des mêmes filamens confervoïdes, à feuilles périgoniales larges, ovato-lancéolées, dentées; anthéridies (utricules spermatophores) et pistils en petit nombre.

Cette espèce offre en grande quantité ces productions filamenteuses articulées, regardées par HEDWIG comme les cotylédons des mousses, et par d'autres auteurs comme une conferve d'une espèce particulière; ces filamens sont, en effet, les premiers rudimens de la jeune plante[1].

Explication des figures.

PL. I.

Fig. 1 *a*, Plantes de grandeur naturelle; *b*, vues au microscope. Fig. 2 et 3, capsules avec et sans coiffe. Fig. 4, coupe verticale d'une capsule. Fig. 5, coiffe. Fig. 6, vaginule. Fig. 7, sporules. Fig. 8, feuilles inférieures. Fig. 9 et 9 *b*, Feuilles supérieures à différens grossissemens. Fig. 10, coupes transversales de ces dernières. Fig. 11, plante mâle. Fig. 12, feuille périgoniale. Fig. 13, anthéridie. Fig. 14, pistil. Fig. 15, filamens confervoïdes.

Var. β. Fig. 1 et 2, plantes. Fig. 3, capsules. Fig. 4, coiffe. Fig. 5, feuille inférieure. Fig. 6 et 7, feuilles supérieures à différens grossissemens. Fig. 8, sporules.

2. PHASCUM TENERUM, BRUCH et SCHPR. *Foliis ovato-lanceolatis, dentatis, enerviis, tenerrimis; capsula sub-sphærica, immersa, pallidè-ochracea.*

Hab. Dans un étang desséché, près Niesky, dans la Haute-Lusace (M. BREUTEL).

Cette espèce, qui a la plus grande ressemblance avec le *P. serratum*, s'en distingue cependant d'une manière assez tranchée. Les *feuilles* sont très-tendres, bien plus larges et légèrement dentelées vers la pointe. La *capsule* est presque sphérique, d'une couleur jaune de paille, à parois extrêmement minces, à bec très-court et à peine visible. La *coiffe* est conique, de couleur pâle et adhère fortement à la capsule, de sorte qu'elle ne s'en détache que par morceaux. Les *sporules* sont plus lisses, de moitié plus petites; les *organes mâles* n'ont point

---

[1] Nous parlerons d'une manière plus détaillée de ces productions, quand nous traiterons de la morphologie et de la physiologie des mousses.

1.

été observés, faute d'échantillons assez complets. Les *pistils* sont plus longs et plus grêles.

Explication des figures.

PL. I.

Fig. 1 *a*, Plantes de grandeur naturelle ; *b*, les mêmes, vues au microscope. Fig. 2 et 3, capsules avec et sans coiffe. Fig. 4, coupe verticale d'une capsule. Fig. 5, coiffe. Fig. 6, vaginule. Fig. 7, membrane capsulaire extérieure. Fig. 8, membrane du sporophore. Fig. 9, feuille inférieure. Fig. 10, feuille supérieure. Fig. 11, tissu cellulaire de cette dernière. Fig. 12, coupe transversale de la même. Fig. 13, sporules.

3. PHASCUM COHÆRENS, Hedw. *Subacaule ; foliis ovato-lanceolatis, denticulatis, costa ad apicem usque procurrente instructis ; capsula immersa, superne brunneo-purpurea.*

P. COHÆRENS. Hedw., *Spec. musc.*, p. 25, t. I, fig. 1 6. Brid., *Bryol. univ*, I, p. 29.

P. FLOTOWIANUM. Funk, *in Litt.*

P. LUCASIANUM. Nees et Hornsch., *Bryol. germ.*, p. 44, t. V, fig. 5.

Var. β. *Foliis angustioribus; costa breviori.* P. Flotowianum.

Var. γ. *Foliis majoribus, latioribus, costa sub apice evanescente.* P. Lucasianum.

Hab. Bords du Rhin près Coblence (Lucas), mêmes localités près Strasbourg (Kneiff) ; Landsberg sur la Wartha (Flotow). Les premiers échantillons examinés par Hedwig provenaient de la Pensylvanie, où cette plante paraît remplacer notre *Ph. serratum.*

Matur. Mois d'octobre et de novembre. ☉

Cette espèce ne se distingue du *Ph. serratum* que par la présence d'une nervure plus ou moins prononcée et la couleur plus pâle de la capsule.

Les feuilles changent de dimension suivant les localités, comme cela arrive dans le *P. serratum ;* tantôt elles sont plus allongées et plus étroites, tantôt plus courtes et plus larges, à dentelure plus ou moins forte. La nervure atteint la pointe de la feuille ou disparaît déjà au milieu du limbe.

En comparant des échantillons-types provenant de l'herbier de Hedwig avec ceux de Strasbourg, nous nous sommes convaincus que l'espèce d'Amérique est identique avec notre plante d'Alsace; cette dernière présente tantôt des feuilles à nervure complète, tantôt à nervure abrégée, et devient ainsi une forme intermédiaire entre la forme-type et le *P. Lucasianum* des auteurs de la *Bryol. germ.*

La ressemblance de cette mousse avec le *P. serratum* est si grande, que nous sommes encore incertains sur sa valeur spécifique; ce n'est que la nervure qui l'en distingue, et celle-ci disparaît souvent presque totalement dans la variété β.

Explication des figures.

Pl. I.

Fig. 1 *a*, Plantes de grandeur naturelle; *b*, plante vue au microscope (échantillons de Strasbourg). Fig. 2, capsule. Fig. 3, coiffe. Fig. 4, feuille inférieure. Fig. 5. feuilles supérieures. Fig. 6, *idem*, plus amplement grossie. Fig. 7, coupe transversale vers le milieu d'une feuille supérieure. Fig. 8, plante mâle. Fig. 9, feuille périgoniale avec une anthéridie. Fig. 10, anthéridie. Fig. 11, feuille périgoniale avec tissu cellulaire.

Var. β. Fig. 1, Plantes avec et sans capsule. Fig. 2, feuilles. Fig. 3, plante mâle.

4. **PHASCUM CRASSINERVIUM**, Schwægr. *Subacaule, foliis lanceolato-acuminatis, rigidis, margine denticulatis, costa excurrente. Capsula parva, subsphærica, sessili.*

> P. CRASSINERVIUM. Schwægr., *Suppl.*, I, p. I, p. 4, t. II. Nees et Hornsch., *Bryol. germ.*, I, p. 40, t. IV, fig. 3, et p. 39, t. IV, fig. 2. Brid., *Bryol. univ.*, I, p. 32.

> P. STENOPHYLLUM, Voit *in* Sturm, *Deutschl. Flor.*, fasc. 14.

Var. β. *Foliis brevioribus, lineari-lanceolatis, vix serrulatis.* P. stenophyllum, Voit.

Hab. Terrain argileux et humide, près Deux-Ponts (Bavière rhénane) en société avec le *P. serratum*, auquel il ressemble par la grandeur; mêmes localités près Angers (M. Guépin) et en Sardaigne (Müller). Trouvé pour la première fois en Pensylvanie, par Mühlenberg.

Matur. Septembre, octobre. ☉

Tige très-courte. *Feuilles* peu nombreuses; les inférieures très-petites, souvent sans nervure; les supérieures plus longues, droites, ouvertes, raides, lancéolées à la base et se terminant en une pointe forte et effilée, à bord plus ou moins denté, mais toujours plus faiblement que dans le *P. serratum*; à nervure très-prononcée, occupant toute la partie supérieure du limbe; le tissu cellulaire est plus serré que dans le *P. serratum*. *Pédicelle* entièrement enfoncé dans la vaginule. *Capsule* sessile, petite, ovoïde ou sphérique, à bec court et émoussé, à membrane capsulaire pâle et transparente. *Coiffe* conique, droite. *Vaginule,* *sporules* et *fleurs* comme dans le *P. serratum.*

La var. β a été rapportée de la Sardaigne par Müller, elle est identique avec l'espèce de Voit; une légère différence consiste dans les feuilles et l'on sait que les feuilles sont sujettes à bien des variations.

Explication des figures.

Pl. II.

Fig. 1 *a*, Plantes de grandeur naturelle; *b*, *bb*, vues à différens grossissemens du microscope. Fig. 2, capsule. Fig. 3, coiffe. Fig. 4, coupe verticale de la capsule. Fig. 5, sporules. Fig. 6, vaginule. Fig. 7, feuille inférieure. Fig. 8, feuille supérieure. Fig. 9 et 10, les mêmes, montrant le tissu cellulaire. Fig. 11, coupe transversale d'une feuille supérieure. Fig. 12 et 13, plantes mâles. Fig. 14, anthéridie.

Var. β. Fig. 1, plantes vues au microscope. Fig. 2 et 3, capsule avec et sans coiffe. Fig. 4, coiffe. Fig. 5, sporules. Fig. 6, feuille inférieure. Fig. 7, feuille supérieure. Fig. 8, tissu cellulaire d'une feuille. Fig. 9 et 10, coupes transversales de la même. Fig. 11, plante mâle. Fig. 12, la même, ouverte.

5. PHASCUM PACHYCARPON, Schwægr. *Subacaule; foliis lineari-lanceolatis, recurvatis, subundulatis, apice denticulatis, costa percurrente instructis; capsula ovata, subsessili, immersa.*

P. PACHYCARPON. Schwægr., *Suppl.*, I, p. I, p. 6, t. II.

P. RECURVIFOLIUM. Brid., *Bryol. univers.*, p. I, p. 31. Nees et Hornsch., *Bryol. germ.*, p. I, p. 42, t. V, fig. 4.

Hab. Champs et prés dans les environs de Deux-Ponts et en Alsace; très-commun dans la Normandie, près Falaise (M. de Brébisson); à Marly, près Paris (suivant Bridel), et dans plusieurs autres contrées de la France et de l'Allemagne.

Matur. vers l'hiver. ☉

Tige très-courte, simple. *Feuilles* ouvertes, réfléchies, rarement droites; les inférieures lancéolées; les supérieures linéari-lancéolées, concaves, denticulées vers le sommet, à nervure dépassant le limbe ou plus courte. *Capsule* presque sessile, ovoïde, à bec ordinairement oblique, de couleur brune claire. *Vaginule* ovale, à tissu cellulaire lâche. *Coiffe* cuculliforme, fendue jusque sous le sommet. *Sporules* sphériques ou ovales, lisses. *Plante mâle* dans le voisinage de la plante fructifère ou à sa base, en forme de bourgeon présentant 4—6 feuilles; organes générateurs comme dans l'espèce précédente.

Explication des figures.

Pl. II.

Fig. 1 *a*, plantes de grandeur naturelle; *b*, *c*, *d*, grossies à la loupe et au microscope. Fig. 2, capsule. Fig. 3, coiffe. Fig. 4, vaginule. Fig. 5, sporules. Fig. 6, feuille inférieure. Fig. 7, 8 et 9, feuilles supérieures. Fig. 10, tissu cellulaire d'une feuille supérieure. Fig. 11, plante mâle. Fig. 12, anthéridie.

B. Point de filamens confervoïdes, capsule pourvue d'une columelle.

6. PHASCUM MUTICUM, Schreb. *Subacaule ; foliis ovatis, valdè concavis, conniventibus, costa instructis; capsula immersa, sphærica, rufo-fusca.*

P. MUTICUM. Schreb., *De Phasco*, p. 8, t. I, fig. 11, 12. Hedw., *Spec. musc.*, p. 23. Wrb. et Mohr, *Bot. Taschb.*, p. 69. Hook. et Tayl., *Musc. brit.*, p. 8, t. V. Nees et Hornsch., *Bryol. germ.*, I, p. 46, t. V, fig. 6. Brid., *Bryol. univ.*, I, p. 22. Funk, *Deutschl. Moose*, t. I, n° 6. Mougeot et Nestler, *Stirp.* fasc. 8.

Hab. Champs, prés, fossés désséchés, partout en Europe.

Mat. Automne et printemps. ☉

Tige très-courte, simple. *Feuilles* larges, ovales, très-concaves; les inférieures petites, sans nervure; les supérieures plus grandes, subitement pointues, à nervure qui disparaît sous le sommet; plus ou moins inégalement dentelées vers la pointe. *Capsule* sphérique, rousse, à membrane extérieure fortement colorée. *Pédicelle* court, pâle. *Vaginule* ovale. *Coiffe* dressée, campanuliforme, pâle et très-tendre, ne recouvrant que le sommet de la capsule. *Sporules* plus petites que dans les espèces précédentes, sphériques, lisses. *Plante mâle* consistant en un très-petit bourgeon de trois à quatre feuilles larges, ovoïdes, à nervure courte. *Anthéridies* allongées, sans paraphyses.

Cette plante se distingue des autres espèces de ce genre par son port; elle ressemble à un petit bourgeon ou à une bulbe, ce qui lui a fait donner par quelques auteurs le nom de *P. bulbiforme;* Dillen l'appelait *Sphagnum acaule bulbiforme.*

M. Schleicher donne à une légère variété de cette mousse le nom de *P. globosum;* cette variété se trouve dans des endroits secs et élevés. Il paraît que c'est le β *minus*, de Hooker et Taylor.

Explication des figures.

Pl. II.

Fig. 1 *a*, plantes de grandeur naturelle ; *b*, fortement grossies, avec une plante mâle. Fig. 2, capsule avec sa coiffe. Fig. 3, coupe verticale d'une capsule. Fig. 4, membrane capsulaire extérieure. Fig. 5, coiffe. Fig. 6, vaginule. Fig. 7, feuilles inférieures. Fig. 8, 9 et 10, feuilles supérieures. Fig. 11, portion d'une feuille supérieure, très-grossie. Fig. 12, coupe transversale de la même. Fig. 13, jeune plante femelle. Fig. 14, plante mâle. Fig. 15, pistils avant et après la fécondation. Fig. 16 et 17, plantes et capsule du *P. globosum* de Schleicher.

7. PHASCUM FLOERKEANUM, Web. et Mohr. *Subacaule ; foliis confertis, patulis, ovato-acuminatis, costa excedente ; capsula ovato-sphærica, brevirostellata, rufo-fusca.*

> P. FLOERKEANUM. Weber et Mohr, *B. T.*, p. 70. Schwægr., *Suppl.*, I, p. I, p. 3, t. III. Nees et Hornsch., *Bryol. germ.*, I, p. 52, t. V, fig. 10. Brid., *Bryol. univ.*, I, p. 60. Funk, *M. T. H.*, t. I, n° 8.
>
> P. BADIUM, Nees et Hornsch., *Bryol. germ.*, I, p. 53, t. V, fig. 11.

Var. β. *Foliis longioribus, angustioribus ; capsula ovata, minori.* P. badium.

Hab. Terrain argileux près Strasbourg, Deux-Ponts, Falaise (M. de Brébisson) ; trouvé pour la première fois près Iéna, par Flœrke. Assez rare.

Matur. Vers l'hiver et au commencement du printemps. ☉

Tige très-petite. *Feuilles* droites, ouvertes, les inférieures petites, ovales, sans nervure ; les supérieures plus grandes, larges, ovales, concaves, à bords un peu réfléchis vers le sommet, se terminant en une pointe forte, qui provient de la nervure ; la couleur est d'un vert pâle ou jaunâtre. *Capsule* cachée dans les feuilles, visible d'en haut, presque sphérique, à bec droit émoussé et très-court, de couleur roussâtre ; membrane capsulaire épaisse, fortement teinte de jaunâtre. *Vaginule* ovoïde. *Coiffe* droite ou oblique, conique ou en forme de capuchon, d'une teinte jaunâtre claire. *Sporules* de grandeur moyenne, sphériques, lisses. *Plante mâle* très-petite, en forme de bourgeon, à feuilles périgoniales ovales, pourvues d'une nervure ; anthéridies allongées, sans paraphyses.

La variété β, regardée comme espèce par plusieurs auteurs, ne se distingue de l'espèce-type que par des feuilles plus longues et plus étroites, qui sont plus ouvertes ; les capsules, dont il y en a souvent plusieurs sur un seul pied, sont plus ovales et plus petites ; la coiffe est droite et conique.

Dans des années humides, aux mêmes localités que l'espèce.

Explication des figures.

Pl. III.

Fig. 1 *a*, plantes de grandeur naturelle ; *b*, plante vue au microscope. Fig. 2, plante sans capsule. Fig. 3 et 4, capsule avec et sans coiffe. Fig. 5, coupe verticale d'une capsule. Fig. 6, coiffe. Fig. 7, membrane capsulaire extérieure. Fig. 8, vaginule. Fig. 9, sporules, Fig. 10, feuille inférieure. Fig. 11 et 12, feuilles supérieures. Fig. 13, feuille supérieure très-fortement grossie. Fig. 14, coupe transversale d'une feuille supérieure. Fig. 15, plante mâle. Fig. 16, feuille périgoniale. Fig. 17, anthéridies. Fig. 18 et 19, plante multicapsulaire, intermédiaire à la variété β.

Var. β. Fig. 1 *a*, plantes de grandeur naturelle ; *b*, plante vue au microscope. Fig. 2, plante sans capsule. Fig. 3 et 4, capsules avec et sans coiffe. Fig. 5, coiffe. Fig. 6, feuille inférieure. Fig. 7 et 8, feuilles supérieures. Fig. 9 et 10, coupes transversales à différentes hauteurs. Fig. 11, columelle. Fig. 12, pistil.

II. FLEURS MONOIQUES.

A. Caulescentes; feuilles larges.

a. Pédicelle très-court; capsule cachée dans les feuilles.

8. PHASCUM PATENS, Hedw. *Caule plus minusve brevi ; foliis inferioribus lanceolatis, reflexis, superioribus suberectis, ovato-lanceolatis, serrulatis, evanidinerviis ; capsula subsphærica, brevi-pedicellata.*

> **PHASCUM PATENS.** Hedw., *Stirp.*, I, t. 10. Web. et Mohr, p. 70. Hook. et Tayl., *Musc. brit.*, p. 7, t. V. Nees et Hornsch., *Bryol. germ.*, I, p. 49, t. V, fig. 8. Brid., *Bryol. univ.*, t. I, p. 33. Funk, *D. M.*, t. I, n° 15.

> P. MEGAPOLITANUM, Schultz, *Suppl. Flor. Stargard*, p. 2, t. I. *Bryol. germ.*, I, p. 48, t. V, fig. 7. Funk., *Deutschl. M.*, t. I, n° 14.

Var. β. *Foliis angustioribus, tenerrimus, serratis* (P. megapolitanum).

Var. γ. *Pedicello elongato.*

Habit. Terrain humide et argileux, étangs desséchés; en France, près d'Angers, Falaise, Strasbourg, etc.; en Angleterre, en Allemagne et en Russie. Assez rare. Var. β dans le Mecklenbourg et plusieurs autres contrées.

Matur. Automne et commencement du printemps. ☉

Tige tantôt très-courte, tantôt de la longueur de deux à trois lignes. *Feuilles* inférieures lancéolées, ouvertes; supérieures plus serrées, bien plus grandes, plus ou moins ouvertes, souvent réfléchies, larges, ovato-lancéolées ou spatuliformes, concaves, plus ou moins pointues, dentelées, à nervure qui disparaît sous le sommet ; tissu cellulaire lâche, à mailles, 4 angulaires. *Capsule* à pédicelle très-court, tantôt libre, tantôt cachée dans les feuilles de la couronne, sphérique, à bec peu apparent ; membrane capsulaire extérieure pâle, à tissu laxe. *Coiffe* conico-campanulée, tendre, à bord échancré. *Sporules* d'une grandeur médiocre, granulées, brunâtres. *Fleur mâle* sur les petits rameaux qui naissent au pied de la plante fertile, en forme de disque ; feuilles périgoniales semblables aux feuilles périchétiales ; anthéridies peu nombreuses, très-petites, ovoïdes sans paraphyses. *Pistils* assez développés, entourés de paraphyses filiformes.

Var. β. Plus petite, plus tendre et plus pâle, à feuilles plus étroites, souvent contournées de différentes manières et plus fortement dentelées.

Var. γ. A pédicelle allongé, de sorte que la capsule dépasse les feuilles. Cette anomalie se retrouve dans plusieurs espèces du *Phascum*.

Explication des figures.

Pl. III.

Fig. 1 *a*, plantes de grandeur naturelle ; *b*, une plante vue sous le microscope. Fig. 2, sommet fertile. Fig. 3 et 4, capsules avec et sans coiffe. Fig. 5, coupe verticale d'une coiffe. Fig. 6, coiffe. Fig. 7, sporules. Fig. 8, membrane capsulaire extérieure. Fig. 9, vaginule. Fig. 10, pistil. Fig. 11, 12 et 13, feuilles supérieures à différens grossissemens. Fig. 14, coupe transversale d'une feuille supérieure. Fig. 15, rameau mâle. Fig. 16, anthéridies.

Var. β. Fig. 1, plante grossie. Fig. 2, 3 et 4, feuilles. Fig. 5, sporules.

Var. γ. Fig. 1, plante grossie. Fig. 2, capsule.

9. PHASCUM CUSPIDATUM, Schreb. *Caule brevi, simplici vel elongato, dichotome-ramoso ; foliis patulis erectisve, ovato-acuminatis vel lanceolato-subulatis, concavis ; capsula ovata immersa, brevi-pedicellata, recta, vel emersa curvicolla.*

P. CUSPIDATUM. Schreb., *De Phasco*, p. 8, t. I, fig. 2. Hedw., *Spec. musc.*, p. 22. Hook et Tayl., *Muscol. brit.*, p. 8, t. V. Web. et Mohr, *B. T.*, p. 68. Nees et Hornsch., *Bryol. germ.*, I, p. 70, t. VII, fig. 18.

Var. β. *Foliis lanceolatis, longioribus ; capsula minori.*

Var. γ. *Caule ramoso ; capsula nutante in pedicello brevi.*

PH. CUSPIDATUM β. Schreberianum, *Bryol. germ.*, I, p, 72, t. VII, fig. 18.

PH. AEFINE. *Bryol. germ.*, I, p. 74, t. VII, fig. 19.

Var. *δ*. *Caule brevi simplici ; vel elongato ramoso , capsula curvicolla , foliis piliferis.*

PH. PILIFERUM. Schreb., *De Phasco*, tab. I, fig. 7. *Bryol. Germ.*, I, p. 65, t. VI, fig. 17, avec les variétés β, γ, δ, ε.

Var. *ε*. *Caule plus minusve elongato; capsula in pedicello elongato nutante lateraliter emergente.*

PH. CURVISETUM. Dicks., *Crypt.*, fasc. IV, p. 2, t. X, fig. 4. *Engl. Bot.*, t. 2259.
PH. CUSPIDATUM. Var γ. curvisetum. *Bryol. germ,*, I, p. 72, t. VII, fig. 18**.

Var. *ζ*. *Caule valde elongato, simplici, vel dichotomo, foliis superioribus patentibus, lanceolato subulatis; capsula in pedicello elongato subpendula.*

PH. ELATUM. Brid., I, p. 45 (*comparatis exempl. Funkianis*). Schwægr., *Suppl.*, I, p. I, p. 9, t. I. *Bryol. germ.*, I, p. 75.

Var. *η*. *Capsula emergente ovata rostellata , operculi persistentis rudimentum præbente, pedicello recto elongato, ramis filiformibus sterilibus.*

Hab. Terrains argileux; dans les champs, les prés, les jardins, contre les murs et les fossés. Par toute l'Europe. Se retrouve dans l'Amérique septentrionale, etc.

Var. β. Endroits ombrageux et humides.

Var. γ. Jardins ; aimant le sol fertile et bien cultivé.

Var. δ. Endroits sablonneux, contre des murs. Se transforme dans la forme type, par l'humidité.

Var. ε. Champs cultivés.

Var. ζ. Sol argileux-calcaire.

Var. η. Bords de la Loire, dans l'Anjou (Guépin).

Matur. Hiver et commencement du printemps. ⊙

Plantes formant des coussinets plus ou moins compacts, ou vivant isolées, tantôt très-petites, presque sans tige et en forme de bourgeon, tantôt plus grandes et branchues. *Feuilles* ouvertes ou fermées; les inférieures petites, ovales; les supérieures plus grandes, ovato-lancéolées, concaves, à bord entier, à nervure dépassant le limbe et formant une pointe plus ou moins longue et effilée. *Capsule* ovoïde, à bec peu prononcé, d'un brun clair brillant, à pédicelle tantôt très-court et droit, tantôt plus long et courbé plus ou moins fortement, de couleur brune. *Vaginule* ovoïde, d'un brun jaunâtre, à tissu cellulaire lâche. *Coiffe* cuculliforme, petite. *Sporules* assez petites, globuleuses, lisses. *Fleurs mâles* dans les aisselles des feuilles caulinaires, n'ayant qu'une seule feuille périgoniale sans nervure, qui les recouvre du côté de la tige; anthéridies très-petites, entremê-

2.

lées de paraphyses plus longues, filiformes et assez grosses, à articulations courtes. *Fleurs femelles* toujours terminales.

Cette espèce offre une quantité infinie de variétés et de formes, suivant la
température et les localités, variétés dont on avait fait un grand nombre d'espèces distinctes.

Explication des figures.

Pl. IV.

Fig. 1 *a*, plantes de grandeur naturelle. Fig. 1, 2, 3 et 4, plantes fortement grossies.
Fig. 5 et 6, capsules avec et sans coiffe. Fig. 7, coupe verticale d'une capsule. Fig. 8,
membrane capsulaire. Fig. 9, coiffe. Fig. 10, vaginule. Fig. 11, feuille inférieure. Fig. 12,
feuilles supérieures. Fig. 13, coupe transversale d'une feuille. Fig. 14, sommet d'une
plante, avec les fleurs mâle et femelle. Fig. 15, anthéridies avec la feuille périgoniale. Fig. 16,
paraphyses. Fig. 17, sporules. Différentes variétés, β. ·γ, δ, ι, ζ.

b. Pédicelle allongé.

10. PHASCUM CURVICOLLUM, Hedw. *Subacaule, foliis concavis, lanceolato-
acuminatis, patulis, costatis; pedicello arcuato; capsula ovata, pendula.*

PH. CURVICOLLUM. Hedw., *Spec. musc.*, 21; *ejusd., Musc. frond.*, I, p. 32, t. XI.
Web. et Mohr, *B. T.*, p. 65. t. VI, fig. 1. Hook et Tayl., *Muscol. brit.*, p. 11,
t. V (2ᵉ éd.). Nees et Hornsch., *Bryol. germ.*, I, p. 55, t. V, fig. 12. Brid., *Bryol.
univ.*, I, p. 24. Funk, *D. M.*, t. I, n° 13. Mougeot et Nestler, *Stirp.*, n° 606. ˙

Hab. Champs non cultivés et collines, entre les herbes et les bruyères, aimant
le terrain argileux-calcaire sec. Dans les environs de Strasbourg, en Franconie
(Funk), au Tyrol, près d'Heiligenblut, où Hornschuch a trouvé cette espèce à
une hauteur de 4500 pieds, contre l'usage du genre; près d'Angers (Guépin),
et probablement dans beaucoup d'autres contrées de l'Europe.

Matur. En automne et au commencement du printemps. ☉

Tige courte, simple. *Feuilles* ouvertes; les inférieures ovato-lancéolées; les
supérieures plus grandes, lancéolées, à bord recourbé, à nervure continue
formant une longue pointe effilée. *Capsule* ovoïde, à bec court, d'un brun clair
brillant, pendante. *Pédicelle* assez long, courbé en arc, un peu contourné, pâle.
Vaginule oblongue, peu compacte, brune. *Coiffe* cuculliforme, couvrant la moitié de la capsule. *Sporules* petites, globuleuses, lisses, très-nombreuses. *Fleurs*
monoïques; fleur mâle dans le voisinage de la fleur femelle, sessile, sans feuilles
périgoniales, anthéridies petites, paraphyses filiformes, peu nombreuses ou

manquant entièrement. Cette jolie mousse, qui vit en société nombreuse, se re-connaît facilement au teint roussâtre des feuilles et de la capsule qui pend à travers les feuilles.

Explication des figures.

Pl. IV.

Fig. 1 *a*, plantes de grandeur naturelle; *b*, vues au microscope. Fig. 2 et 3, capsules avec et sans coiffe. Fig. 4, coupe verticale d'une capsule. Fig. 5, membrane capsulaire. Fig. 6, coiffe. Fig. 7, feuille caulinaire. Fig. 8, feuille périchétiale. Fig. 9, la même, plus grossie, Fig. 10, coupe transversale de la même. Fig. 11, sommet de la tige avec les fleurs mâle et femelle. Fig. 12, vaginule avec des anthéridies. Fig. 13, anthéridies. Fig. 14, sporules.

11. **PHASCUM RECTUM**, Smith. *Subacaule; foliis confertis, patulis, ovatis, breviter subulato-acuminatis; pedicello elongato, erecto; capsula ovata, emergente.*

PH. RECTUM. Smith, *Fl. brit.*, III, p. 1153. Hook et Tayl., *Musc. brit.*, 10, t. V. Brid., *Bryol, univ.*, I; p. 25 et 754. Schwægr., *Suppl.*, III, 1, t. 203.

Hab. Terrain argileux; ordinairement en société avec la *Weissia starkeana* et le *Gymnostomum minutulum*; en Alsace, près Mutzig, dans des champs de trèfle (rare); très-commun dans plusieurs parties du nord et de l'ouest de la France; dans l'Anjou (Guépin), dans le Périgord, dans la Normandie (de Brébisson), en Sardaigne (Müller), en Angleterre et en Irlande, rare en Écosse, dans la West-phalie (Hübener) et sur le Rhin, près Neuwied (Breutel).

Mat. En automne. ⊙

Cette espèce a tout-à-fait le port et la couleur de l'espèce précédente, ainsi que les organes de génération et le tissu cellulaire des feuilles; elle s'en distingue cependant sous bien des rapports. *Feuilles* plus larges, plus courtes, à bord fortement plié en arrière. *Pedicelle* droit, rarement courbé. *Sporules* plus grandes et granuleuses. Ce que Schwægrichen (*Suppl.*, III, 1, t. 203) a figuré comme fleur mâle n'est qu'un bourgeon de jeunes feuilles; les organes mâles se trouvent dans les aisselles des feuilles, comme dans l'espèce précédente, sans avoir des feuilles périgoniales particulières.

Explication des figures.

Pl. V.

Fig. 1 *a*, plantes de grandeur naturelle; *b*, fortement grossies. Fig. 2, capsule. Fig. 3, coupe verticale de la capsule. Fig. 4, coiffe. Fig. 5, membrane capsulaire. Fig. 6, feuilles caulinaires. Fig. 7 , feuille périgoniale. Fig. 8 , coupes transversales d'une feuille. Fig. 9 , tissu cellulaire des feuilles. Fig. 10 , vaginule avec les organes mâles. Fig. 11 , sporules.

12. PHASCUM BRYOIDES, Dicks. *Caule simplici vel dichotomo ; foliis inferiobus ovatis patulis, superioribus ovato-lanceolatis, acuminatis, concavis ; capsula ovata seu elliptica, emergente, pedicello elongato.*

> PHASCUM BRYOIDES. Dicks., *Pl. crypt.*, fasc. 4, t. X, fig. 3. Smith , *Flora brit.*, p. 1154. Schwægr., *Suppl.*, I, p. I, p. 8, t. II. Web. et Mohr, *B. T.*, p. 65. Brid., *Bryol. univ.*, I, p. 754. Funk, *D. M.*, t. I, n° 16. Nees et Hornsch. I, p. 76, t. VII, fig. 21,
>
> PH. ELONGATUM. Schultz , *Flor. Starg.* (Fid. Web. et Mohr, *B. T.*, 66.)
>
> PH. GYMNOSTOMOIDES. Brid., *Bryol. univ.*, I, p, 48.

Var. β. *Foliis piliferis.* Var. γ., *piliferum. Bryol. germ.*, I, p. 78.

Var. γ. *Curvisetum. Pedicello elongato, arcuato.*

Var. δ. *Capsula rotundiori, pedicello abbreviato.* Var. β. *Bryol. germ.*

Var. ε. *Planta parvula follis pllifcrls.* β *minus,* Brid., *Phasc. pusillum.* Schleicher, *Mst.*

Hab. Sol argileux, partout dans les champs de trèfle, en société avec l'*Anacalypta lanceolata,* les *Gymnostomosum fasciculare* et *truncatum* et le *Phascum crispum.*

Var. β. Collines arides et roccailleuses de formation argilo-calcaire.

Var. γ. Champs de trèfle humides, entre la forme-type (rare).

Var. δ. Collines de formation calcaire. Ratisbonne (Braun).

Var. ε. Collines stériles et roccailleuses près Bex, en Suisse (Schleicher).

Mat. Printemps. ☉

Tige droite ou couchée par sa partie inférieure, simple ou branchue, 1-6 lignes. *Feuilles* disposées sur cinq rangs; les inférieures ouvertes, lancéolées; les supérieures plus grandes, ovato-lancéolées, concaves, souvent plissées longitudinalement, à bord recourbé, à nervure se terminant en pointe. *Vaginule* ovoïde, brunâtre, peu compacte. *Pédicelle* plus ou moins long, contourné par la dessiccation de gauche à droite. *Capsule* ovoïde ou ellyptique, un peu bossue, à bec plus ou moins prononcé, oblique, de couleur brune; à l'endroit où se termine le sac sporophore, les cellules de la membrane capsulaire extérieure prennent une autre forme, deviennent plus petites et indiquent l'endroit où, dans les operculées, l'opercule se sépare de la capsule[1]. *Coiffe* cuculliforme, recouvrant

---

[1] On retrouve cela dans les *Voitia* et *Bruchia*, genres avec lesquels cette espèce a quelque analogie et dont elle a tout-à-fait le port, ainsi que dans la singulière variété ε du *Phascum cuspidatum.*

plus de la moitié du dos de la capsule. *Columelle* pénétrant dans le bec de la capsule. *Sporules* de grandeur moyenne, globuleuses, lisses ou faiblement granulées, de couleur brunâtre. *Fleurs mâles* en forme de bourgeons à six feuilles, axillaires aux feuilles supérieures; feuilles périgoniales ovales, les extérieures à nervure continue, qui se termine en pointe effilée; les intérieures à nervure peu prononcée ou nulle; anthéridies et pistils sans paraphyses.

Explication des figures.

Pl. V.

Fig. 1 *a*, plantes de grandeur naturelle; *b*, grossies. Fig. 2, capsule avec son pédicelle. Fig. 3, coupe verticale d'une capsule. Fig. 4, partie supérieure de la capsule, très-grossie. Fig. 5, coiffe. Fig. 6, vaginule. Fig. 7, feuilles supérieures. Fig. 8 et 9, tissu cellulaire d'une feuille au sommet et à la base. Fig. 10, coupe transversale d'une feuille. Fig. 11, fleur mâle. Fig. 12 *a* et *b*, feuilles périgoniales. Fig. 13, anthéridies. Fig. 14, pistils Fig. 15, sporules.

Var. β. Fig, 1, 2 et 3, plantes. Fig. 4, périchèse.

Var. γ. Fig. γ, plante.

Var. δ. Fig. 1, plante. Fig. 2, capsule.

Var. ε. Fig. 1, plante. Fig. 2, feuille périchétiale.

B. Caulescentes, à feuilles étroites.

a. Pédicelle court.

13. **PHASCUM CARNIOLICUM**, WEB. et MOHR. *Caule brevi; foliis inferioribus ovato-lanceolatis, superioribus lineari-lanceolatis, concavis, costa excurrente instructis; capsula subglobosa, immersa.*

PH. CARNIOLICUM. WEBER et MOHR, *B. T.*, 69 et 450. SCHWÆGR., *Suppl.*, I, t. I, p. 2, t. III. NEES et HORNSCH., *Bryol. germ.*, I, p. 51, t. 5, fig. 9. BRID., *Bryol. univ.*, I, p. 26. HOOK. et TAYL., *Musc. brit.*, p. 9. (*sub Ph. cuspid.*)

Habit. Près Nusdorf, en Carniolie; près Neuwied, sur le Rhin (BREUTEL); en Sardaigne (MÜLLER). Espèce très-rare.

Matur. Au printemps. ☉

Tige courte, simple, droite. *Feuilles* ovato et linéari-lancéolées, d'un vert foncé, droites ou recourbées vers le sommet, concaves, à bord plane ou réfléchi, à nervure plus ou moins longue, se courbant en crochets par la dessiccation. *Capsule* enfoncée dans les feuilles périchétiales, visible d'en haut, presque sphérique, à bec très-peu développé, roussâtre. *Pédicelle* plus long que la vaginule, pâle, droit. *Vaginule* presque sphérique, d'un brun pâle. *Coiffe* campano-conique, déchirée une ou plusieurs fois, pâle. *Sporules* très-nombreuses, de grandeur moyenne, globuleuses, lisses. *Fleur mâle* à la base du pied fertile, en forme de bourgeon, à six feuilles; feuilles périgoniales ovato-lancéolées, à nervure médiane; anthéridies et pistils comme dans les espèces précédentes; paraphyses peu nombreuses, pâles. On rencontre aussi des fleurs hermaphrodites.

Explication des figures.

PL. V.

Fig. 1 *a*, plante de grandeur naturelle; *b*, vue à la loupe (à l'état sec). Fig. 2 et 3, plantes très-grossies, *a*, bourgeon mâle. Fig. 4 et 5, capsules avec et sans coiffe. Fig. 6, membrane capsulaire. Fig. 7, columelle avec une portion du sac sporophore. Fig. 8, feuille périchétiale intérieure. Fig. 9, feuille périchétiale extérieure. Fig. 10, feuille très-amplifiée. Fig. 11, coupe transversale. Fig. 12, fleur mâle. Fig. 13, feuille périgoniale. Fig. 14, anthéridie. Fig. 15, pistil.

14. PHASCUM NITIDUM, HEDW. *Caule simplici vel ramoso; foliis patulis, inferioribus lanceolatis, superioribus lineari-lanceolatis, concavis, apice obsolete dentatis, evanidinerviis; capsula brevi-pedicellata, libera, ovata.*

P. NITIDUM. HEDW., *Spec. musc.*, p. 19. *Ejusd. Musc. Frond.*, I, p. 92, t. XXXIV. SCHWÆGR., *Suppl.*, I, p. I, p. 7. BRID., *Bryol. univ.*, I, 35. FUNK., *D. M.*, t. I, n° 12. MOUGEOT et NESTLER, n° 605.

P. AXILLARE. DICKS., *Crypt.*, fasc. I, p. 2, t. I, fig. 5. NEES et HORNSCH., *Bryol. germ.*, I, p. 61, t. VI, fig. 15. WEB. et MOHR, *B. T.*, p. 63. HOOK et TAYLOR, *Musc. brit.*, p. 7, t. V.

P. STRICTUM. DICKS., *Crypt.*, fasc. IV, t. X, fig. 1. *Engl. Bot.*, 2093. BRID., *Bryol. univ.*, I, p. 34 [1].

P. PROCHNOWIANUM. FUNK, *Mst.* (*planta minor.*)

Hab. Endroits humides et argileux, fossés et étangs mis à sec, par toute l'Europe. Dans l'Anjou (M. GUÉPIN), dans la Normandie (M. de BRÉBISSON), dans les

---

[1] D'après les descriptions et les figures données de cette prétendue espèce, on ne peut la regarder que comme une légère variété.

Vosges (M. Mougeot), etc. Variétés plus petites en Poméranie (Prochnow), en Franconie (Funk).

Mat. Automne et commencement du printemps. ⊙

Tige longue de 1 —6 lignes, simple, ou branchue par des innovations latérales, chargée souvent de plusieurs capsules. *Feuilles* serrées ou reculées; les inférieures lancéolées; les supérieures plus longues, linéari-lancéolées, ouvertes ou réfléchies; concaves, dentelées vers le sommet ou unies, à nervure laxe disparaissant sous la pointe. *Vaginule* d'un brun clair, ovale. *Pédicelle* un peu plus long que la vaginule, droit ou faiblement recourbé, pellucide. *Capsule* ovoïde, à bec oblique, d'un brun clair; membrane capsulaire transparente, mince. *Coiffe* en forme de capuchon, fendue. *Sporules* nombreuses, petites, presque lisses, de couleur brune. *Fleurs* hermaphrodites; organes mâles petits, ovales; paraphyses sans couleur, assez nombreuses.

Explication des figures.

Pl. VI.

Fig. 1 *a*, plantes de grandeur naturelle; *b*, plante très-amplifiée. Fig. 2 et 3, capsules avec et sans coiffe. Fig. 4, coupe verticale d'une capsule. Fig. 5, coiffe. Fig. 6 et 7, feuilles. Fig. 8, coupe transversale d'une feuille. Fig. 9, innovation fertile. Fig. 10, fleur. Fig. 11, anthéridies. Fig. 12, pistil avant la fécondation. Fig. 13, pistil après la fécondation. Fig. 14, feuille de l'intérieur du bourgeon fertil. Fig. 15, sporules. Fig. 16, *Phascum Prochnowianum.*

b. Pédicelle allongé.

15. PHASCUM ROSTELLATUM, Brid. *Caule simplici vel ramoso; foliis lineari-lanceolatis, brevi-cuspidatis, patulis; capsula ovata, rostellata, pedicello elongato emersa.*

PH. ROSTELLATUM, Brid., *Bryol. univ.*, I, p. 46. Nees et Hornsch., *Bryol. germ.*, I, p. 58, t. VI, fig. 14. Schwægr., *Suppl.*, III, p. II, t. 296. Hook. et Tayl., *Musc. brit.*, p. 6 (confondu avec le *P. crispum*).

Habit. Terrain argileux et humide; dans des prés et le long des fossés, près Deux-Ponts, près Würcebourg, etc. Rare.

Mat. Vers l'hiver. ⊙

Tige simple ou branchue, longue de 2 à 3 lignes. *Feuilles* ouvertes, crispées par la dessiccation; les inférieures lancéolées, faiblement canaliculées, à bord

3

entier ; les supérieures linéari-lancéolées, à nervure complète, se terminant en une très-petite pointe. *Vaginule* cylindrique, peu compacte. *Pédicelle* droit ou faiblement courbé, assez long, augmentant de diamètre sous la capsule, contourné à droite par la dessiccation. *Capsule* ovoïde, à bec oblique ; membrane capsulaire d'une teinte jaune-verdâtre, formée de cellules hexagonales. *Coiffe* cuculliforme, jaunâtre. *Sporules* de grandeur moyenne, globuleuses, lisses, brunâtres. *Fleur mâle* terminale à des pousses latérales, en forme de bourgeon ; feuilles périgoniales externes semblables aux feuilles caulinaires, les autres ovato-lancéolées, jaunâtres, à nervure médiane ; anthéridies allongées, entourées de paraphyses filiformes.

Explication des figures.

Pl. VI.

Fig. 1 *a*, plantes de grandeur naturelle ; *b*, vues au microscope. Fig. 2, rameau avec la fleur mâle. Fig. 3, capsule. Fig. 4, coupe verticale d'une capsule. Fig. 5, coiffe. Fig. 6, feuille caulinaire. Fig. 7, feuille supérieure. Fig. 8, portions d'une feuille montrant le tissu cellulaire. Fig. 9, coupe transversale d'une feuille. Fig. 10, anthéridie. Fig. 11, pistil, Fig. 12, feuille périgoniale. Fig. 13, vaginule. Fig. 14, sporules.

c. Plantes persistantes.

16. **PHASCUM CRISPUM**. Hedw. *Caulescens, caule ramoso, erecto ; foliis caulinis lanceolatis, perichœtialibus lanceolato-subulatis, concavis, siccitate crispatis ; capsula subsphœrica, immersa.*

> P. CRISPUM. Hedw., *Strp. Cr.*, I, t. 9 ; *ejusd. Spec. Musc.*, p. 21. Weber et Mohr, *B. T.*, p. 64 et 477, Brid., *Bryol. univ.*, I. p. 46. Nees et Hornsch., *Bryol germ*, I, p. 57, t. IV, fig. 13. Hook. et Tayl., *Muscol. Brit.*, p. 6. Funk., *D. M.*, t. I, n° 3. Mougeot et Nestler, *Stirp.*, n° 703.

> P. MULTICAPSULARE. Smith, *Fl. brit.*, p. 1152. *Engl. Bot.*, t. 618 ?

Hab. Prés et champs argileux et secs. Commun partout.
Mat. Mars, avril. ♃

Tige longue de 4 — 6 lignes, branchue vers le haut, à rameaux garnis à la base de racines secondaires. *Feuilles* caulinaires, reculées, ouvertes ou réfléchies, lancéolées ; feuilles supérieures serrées en couronne, plus longues, linéari-lancéolées, concaves, à bords enroulés en dedans, à nervure terminant la feuille en pointe; feuilles périchétiales plus grandes et d'une couleur moins foncée que les autres feuilles, droites ou inclinées d'un même côté; se crispant par la dessiccation. *Capsule* enfoncée dans les feuilles périchétiales, à pédicelle très-court, presque sphérique, à bec droit, de couleur brune; il se trouve souvent plusieurs capsules sur un même sommet, dont chacune cependant a son propre périchèse. *Vaginule* ovoïde. *Pédicelle* court, grêle, non coloré. *Coiffe* cuculliforme, déchirée jusque vers le sommet. *Sporules* petites, globuleuses, lisses, brunâtres. *Fleurs* monoïques; fleur mâle en forme d'un bourgeon à trois feuilles, placé à côté du périchèse; feuilles périgoniales ovales, à nervure faible; anthéridies subsessiles, sans paraphyses; fleur femelle terminale.

Explication des figures.

Pl. VI.

Fig. 1 *a*, plante de grandeur naturelle; *b*, vue au microscope. Fig. 2, périchèse avec une capsule. Fig. 3, capsule. Fig. 4, coupe verticale d'une capsule. Fig. 5, coiffe. Fig. 6, feuille caulinaire. Fig. 7, feuille périchétiale. Fig. 8, portions d'une feuille montrant le tissu cellulaire. Fig. 9, coupes transversales d'une feuille. Fig. 10, fleur mâle. Fig. 11, feuille périgoniale. Fig. 12, anthéridie. Fig. 13, vaginule. Fig. 14, sporules.

17. PHASCUM POLYCARPON. Brch. et Schpr. *Caulescens ; caule ramoso ; foliis majoribus, ligulato-lanceolatis, patulis, siccitate non tortilibus; capsula magna, subsphærica, lateraliter emergente; pedicello elongato, curvato.*

P. MACROPHYLLUM. Wibel, *in Mnscrpt.* (Herb. Funk.)

Hab. Werthheim sur le Mein et la Tauber (grand-duché de Bade).
Matur. Printemps.

Tige allongée, branchue vers le haut. *Feuilles* inférieures semblables à celles de l'espèce précédente; feuilles supérieures très-grandes, ligulato-lancéolées, non crispées à l'état de sécheresse. *Capsule* presque sphérique, plus grande que dans le *P. crispum*, d'un brun clair; il s'en trouve deux à trois sur une même branche dans un périchèse commun, tandis que dans l'espèce précédente chaque capsule a son propre périchèse. *Pédicelle* allongé, courbé. *Coiffe* cuculliforme. *Tissu cellulaire* des feuilles comme dans le *P. crispum*. La *fleur mâle* n'a point été observée, faute d'échantillons assez complets[1].

[1] Le *Ph. multicapsulare*, Smith, a beaucoup d'analogie avec notre espèce, à en juger d'après la

3.

Cette espèce se reconnaît facilement à ses grandes feuilles, qui ne se terminent pas en alène et ne se contournent jamais par la dessiccation, comme dans le *P. crispum;* elles ne cachent qu'imparfaitement la capsule, qui penche un peu et qui est plus grande que dans cette dernière espèce.

Explication des figures.

Pl. VI.

Fig. 1, rameau grossi d'une plante. Fig. 2, feuille inférieure. Fig. 3, feuille supérieure.

18. PHASCUM ALTERNIFOLIUM, Dicks. *Caule declinato, innovante, innovationibus procumbentibus fructiferis atque sterilibus; foliis caulinis rameisque lanceolatis, patulis, perichœtialibus e basi ovata subulatis, longissimis, costa longe procurrente instructis; capsula terminali ovata immersa.*

P. ALTERNIFOLIUM. Dicks., *Crypt.,* fasc. I, p. 2, t. I, fig. 2. Smith, *Fl. brit.,* p. 1157. Hedw., *Spec. musc.,* p. 24. Schwægr., *Suppl.,* I, p. I, p. 10, t. X. Hook. et Tayl., *Muscol. brit.,* p. 5, t. V [1]. Funk, *D. M.,* t. I.

PLEURIDIUM ALTERNIFOLIUM. Brid., *Bryol. univ.,* II, p. 161.

Hab. Champs de trèfle et endroits secs couverts d'herbe, dans beaucoup de parties d'Europe. Angers (M. Guépin), Falaise (M. de Brébisson), en Angleterre (Hooker), etc.

Matur. Mai, juin. ♃

Plante de l'année, sans ramifications et semblable au *P. subulatum;* dans la

description donnée dans la *Flora britan.,* p. 1152 : « *Præcedente (Ph. crispo) simillimum, at distinctum videtur colore tristiori minusque lutescente, capsulis numerosioribus, denique foliis floralibus latioribus lanceolatis, rectis, nunquam exsiccatione crispis, neque e basi dilatata statim in acumen subulatum contractis.* » Cependant les feuilles de notre espèce n'ont point la dentelure dont parlent Weber et Mohr ; *B. T.,* 477. Ces auteurs avaient sous les yeux des échantillons anglais, provenant de Turner. Les auteurs de la *Musc. brit.* ne séparent point le *P. multicapsulare* du *P. crispum.* Nous ne possédons de notre espèce qu'un seul échantillon provenant de l'herbier de feu Ziz, sans indication de localité ; un autre échantillon se trouve dans l'herbier de notre ami Funk, portant le nom de *P. macrophyllum,* nom donné par Wiwer, qui avait découvert cette espèce sur les bords de la Tauber. Nous aurions conservé cette dénomination, qui est très-bien choisie, mais l'édition allemande de cette monographie était déjà publiée lorsque nous avons vu cette plante dans les collections de M. Funk.

[1] La description dans la *Muscol. brit.* se rapporte en partie à l'*Archidium phascoides,* Brid., qui souvent a été confondu avec le *P. alternifolium.* Les sporules de cette espèce sont très-petites et nombreuses, tandis que dans l'*Archidium* elles sont très-grandes et en très-petit nombre.

seconde et la troisième année, elle se développe davantage, en produisant des pousses (*innovationes*) axillaires aux feuilles ou à la fructification de l'année passée[1] ; ces innovations sont tantôt semblables à la plante-mère et produisent des capsules, tantôt elles sont plus longues, plus grêles, à feuilles plus petites et plus écartées, et stériles. *Feuilles* inférieures petites, lancéolées, concaves; feuilles supérieures ou périchétiales, plus grandes, ouvertes ou dirigées d'un même côté, ovato-lancéolées, terminées par une longue pointe provenant de la nervure; tissu cellulaire assez compact, à mailles quadrangulaires; couleur d'un vert clair ou brunâtre. *Capsule* enfoncée dans les feuilles périchétiales, ovale, à bec court et un peu oblique, brunâtre ou rougeâtre. *Vaginule* allongée, conique, peu compacte, d'une teinte brune claire. *Pédicelle* plus long que la vaginule, sans couleur; grossissant vers le col de la capsule. *Coiffe* oblique, cucullée, fendue jusque sous le sommet, de couleur jaune de paille. *Sporules* petites, globuleuses, lisses, brunâtres. *Fleurs* monoïques; organes mâles dans des petits bourgeons axillaires aux feuilles caulinaires, feuilles périgoniales extérieures ovatolancéolées, les intérieures lancéolato-acuminées, à nervure peu prononcée, anthéridies en petit nombre, sans paraphyses; organes femelles terminaux, au nombre de trois ou quatre, entremêlées de paraphyses filiformes.

Explication des figures.

PL. VII.

Fig. 1 *a*, *b*, *c*, plante de l'année de grandeur naturelle et à différens grossissemens. Fig. 2, *a*, *b*, *c*, plante plus âgée, *idem*. Fig. 3, feuille caulinaire. Fig. 4 et 5, feuilles périchétiales. Fig. 6, 7 et 8, coupes transversales d'une feuille périchétiale. Fig. 9, feuille périchétiale très-grossie. Fig. 10, pointe d'une feuille. Fig. 11 *a* et *b*, capsules avec et sans coiffe. Fig. 12, vaginule. Fig. 13, coupe verticale d'une capsule. Fig. 14, partie supérieure d'une capsule. Fig. 15, portion de la membrane capsulaire. Fig. 16, coiffe. Fig. 17, sporules. Fig. 18 *b* et *c*, fleurs mâles. Fig. 19 et 20, feuilles périgoniales. Fig. 21, anthéridies.

19. PHASCUM PALUSTRE, Brch. et Schpr. *Caule erecto, innovante; foliis caulinis lanceolatis patulis, perichaetialibus e basi late-ovata subulatis, costa in cus-*

---

[1] Ces innovations qui partent souvent du pied de la capsule rendent celle-ci axillaire en apparence, de sorte que cette mousse a été séparée des Acrocarpes, par Bridel, et réunie aux Pleurocarpes. Il paraît que cet auteur n'en avait pas bien observé les différentes époques de vie.

pidem longam excurrente; capsula terminali oviformi, immersa; calyptra co-nico-campanulata pluries fissa.

Hab. Tourbières et étangs mis à sec, en Thuringe, dans les Vosges, près Deux-Ponts et Kaiserslautern.

Matur. Juin, juillet. ♃

Port du *P. alternifolium. Feuilles* plus larges, ovales, terminées subitement en alène provenant de la nervure. *Innovations* toujours fertiles. *Vaginule* presque cylindrique. *Pédicelle* plus fort, grossissant vers la capsule. *Capsule* plus grande, presque conique, ou en forme de poire renversée, à bec droit assez long, de couleur olivâtre. *Coiffe* très-petite, droite, conique, à base plus ou moins déchirée, à tissu cellulaire plus lâche. *Sporules* de grandeur médiocre, brunes, lisses. *Organes mâles* libres, axillaires aux feuilles supérieures, sans feuilles périgoniales, plus grandes que dans l'espèce précédente; paraphyses filiformes.

Cette espèce qui a une grande ressemblance avec l'espèce précédente, surtout dans la première année, s'en distingue facilement à la forme et à la grandeur de la capsule, à la position des organes mâles qui, dans notre espèce, sont libres et dans le voisinage des organes femelles, tandis que dans l'espèce précédente ils se trouvent enfermés dans des bourgeons qui sont disposés tout le long de la tige. Les plantes sont très-fertiles et chargées souvent de plusieurs capsules dans un même périchèse, d'une couleur foncée verd sale ou olivâtre.

Explication des figures.

Pl. VII.

Fig. 1 *a, b, c,* plantes annuelles de grandeur naturelle et à différens grossissemens. Fig. 2 *c,* plante à la seconde année. Fig. 3 et 4, feuilles caulinaires. Fig. 5 et 6, feuilles périchétiales. Fig. 7 et 8, coupes transversales d'une feuille périchétiale. Fig. 9, feuille périchétiale montrant le tissu cellulaire. Fig. 10, pointe d'une feuille. Fig. 11 *a* et *b,* capsules avec et sans coiffe. Fig. 12, vaginule. Fig. 13, coupe verticale de la capsule. Fig. 14, sommet de la capsule. Fig. 15, coiffes. Fig. 16, sporules. Fig. 17, organes mâle et femelle. Fig. 18, anthéridies isolées.

20. PHASCUM SUBULATUM, Lin. *Caule erecta innovante; foliis caulinis lan-ceolatis erecto-patulis, perichætialibus lanceolato-subulatis, costa sub apice evanescente; capsula terminali, subimmersa, sphærico-ovata.*

P. SUBULATUM. Lin., *Spec. plant.,* p. 1570. Schreb., *De Phasco,* p. 8. Hedw., *Strp.,* 1, t. 35. Schwægr., *Suppl.,* I, p. I. Hook. et Tayl., *Musc. brit.,* p. 6, tab. V.

Nees et Hornsch., *Bryol. germ.*, I, p. 63, t. VI, fig. 16. Funk, *Deutschl. Moose*, I, n° 1. Mougeot et Nestler, *Stirp.*, n° 112.

Hab. Lisières des forêts, le long des fossés, prés et champs, aimant le terrain sablonneux fertile, par toute l'Europe.

Matur. Mars, avril. ♃

Plante de l'année, de 1—2 lignes de haut, simple, dressée, s'inclinant vers la terre après avoir jeté la capsule, poussant des jets fertiles et de nombreuses racines secondaires. *Feuilles* caulinaires droites, ouvertes, lancéolées; feuilles périchétiales très-nombreuses, lancéolato-subulées, très-finement dentelées vers la pointe, concaves, à nervure peu consistante et disparaissant sous le sommet du limbe, la forme des mailles du réseau est hexagonale et assez régulière. *Capsule* enfoncée dans les feuilles périchétiales, ovato-sphérique, de couleur brun clair. *Pédicelle* assez court, cylindrique, droit. *Vaginule* ovato-conique, peu compacte, brun-jaunâtre. *Coiffe* cuculliforme, jaunâtre. *Sporules* de grandeur médiocre, globuleuses, lisses. *Organes mâles,* sans enveloppes particulières, axillaires aux feuilles supérieures; paraphyses filiformes, longues et très-nombreuses.

Explication des figures.

Pl. VII.

Fig. 1 *a, b, c,* jeunes plantes de grandeur naturelle et à différens grossissemens. Fig. 2 *c,* vieille plante vue au microscope. Fig. 3, feuilles caulinaires. Fig. 4, feuille périchétiale. Fig. 5 et 6, coupes transversales. Fig. 7, feuille périchétiale montrant le tissu cellulaire. Fig. 8, sommet de la même. Fig. 9 *a, b,* capsules avec et sans coiffe. Fig. 10, coupe verticale d'une capsule. Fig. 11, sommet de la capsule. Fig. 12, coiffe. Fig. 13, sporules. Fig. 14, vaginule avec une anthéridie et des paraphyses. Fig. 15, anthéridies.

Espèces douteuses.

PHASCUM STELLATUM, Brid., *Bryol. univ.*, I, p. 24, paraît appartenir au *P. Flœrkeanum* ou au *P. cuspidatum.*

PHASCUM STRICTUM, Dicks, Smith, *Fl. brit.*, III, p. 1151; Brid., *Bryol. univ.*, I, p. 34 (*identique* avec le *P. nitidum?*).

PHASCUM DUBIUM, La Pylaie, Bryol., *Bryol. univ.*, I, p. 43, *Hab.* environs de Paris (Persoon).

PHASCACEAE

Phascum

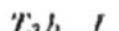

Tab. I.

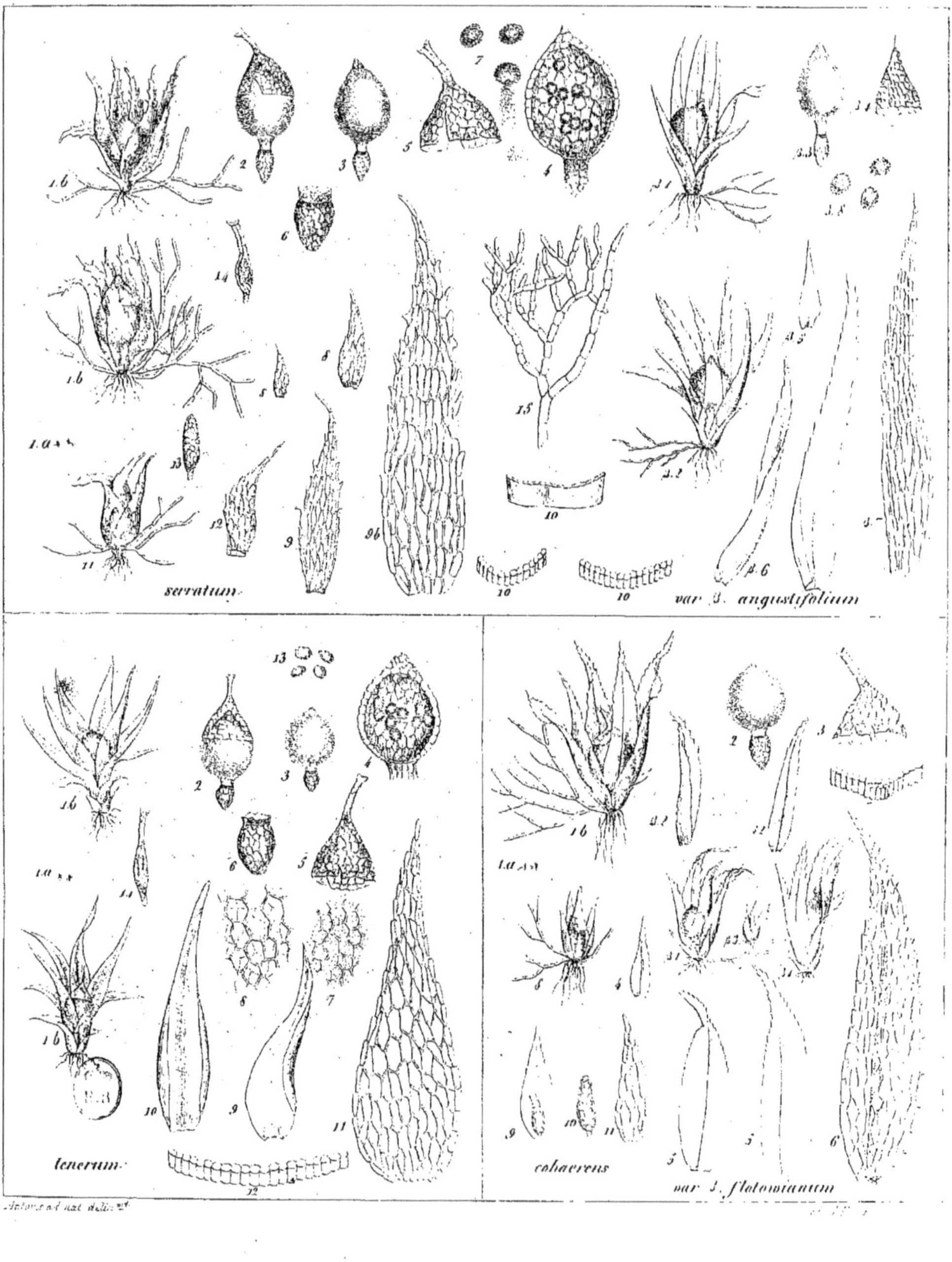
serratum
var. β. angustifolium
tenerum
cohaerens
var. β. flotowianum

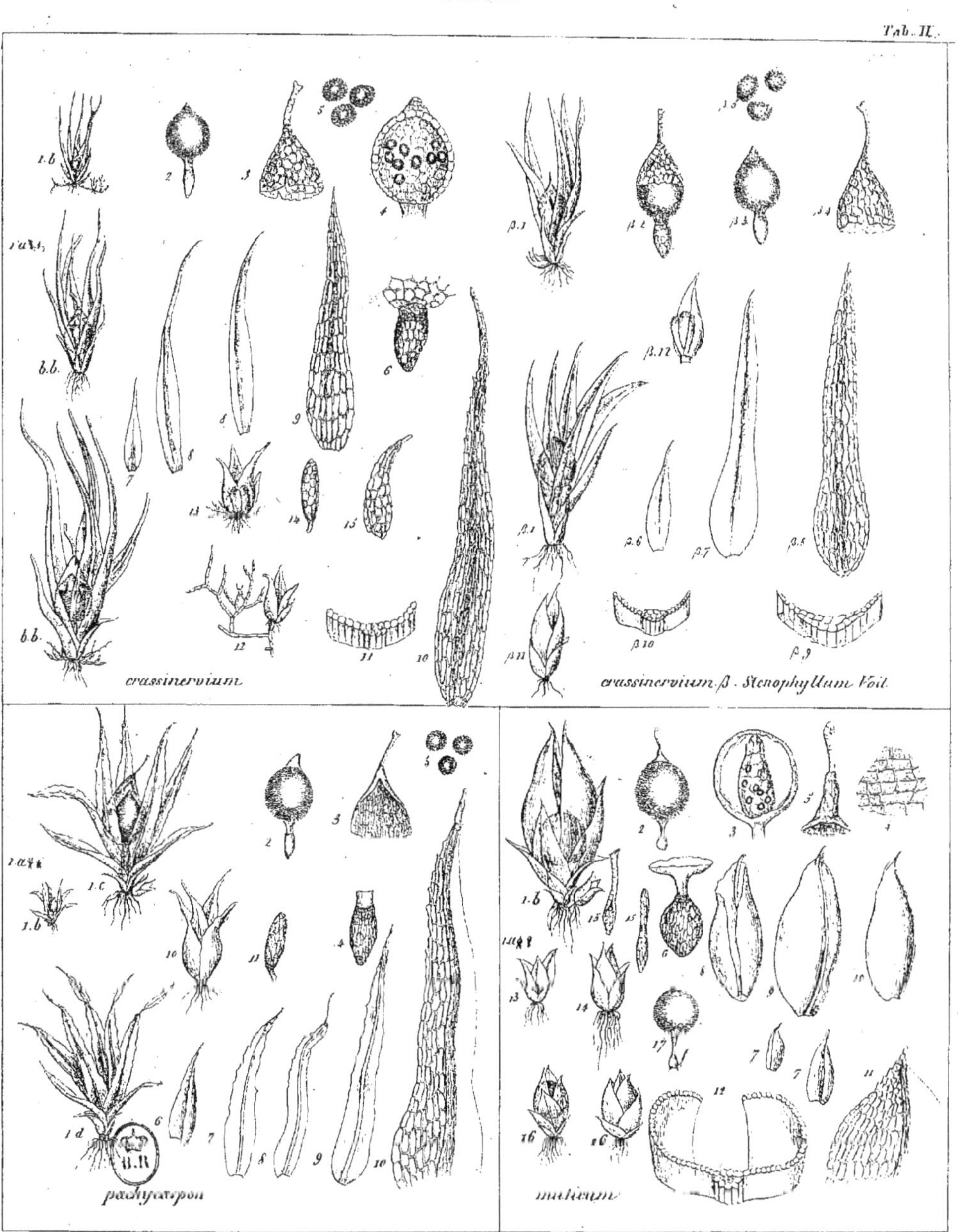

crassinervium

crassinervium ß. Stenophyllum Voit.

pachycarpon

muticum

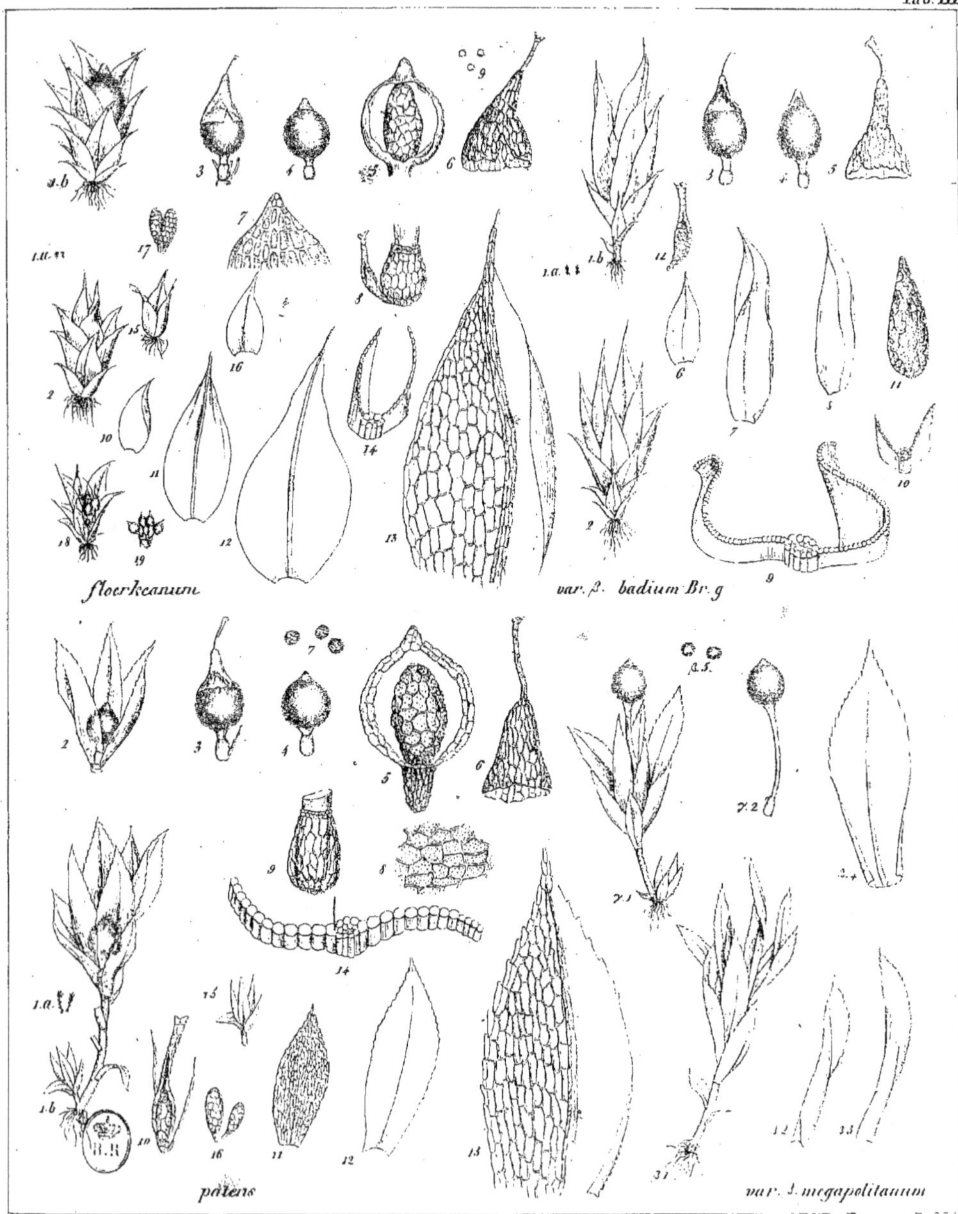
floerkeanum
var. β. badium Br. g
patens
var. δ. megapolitanum

Tab.IV.

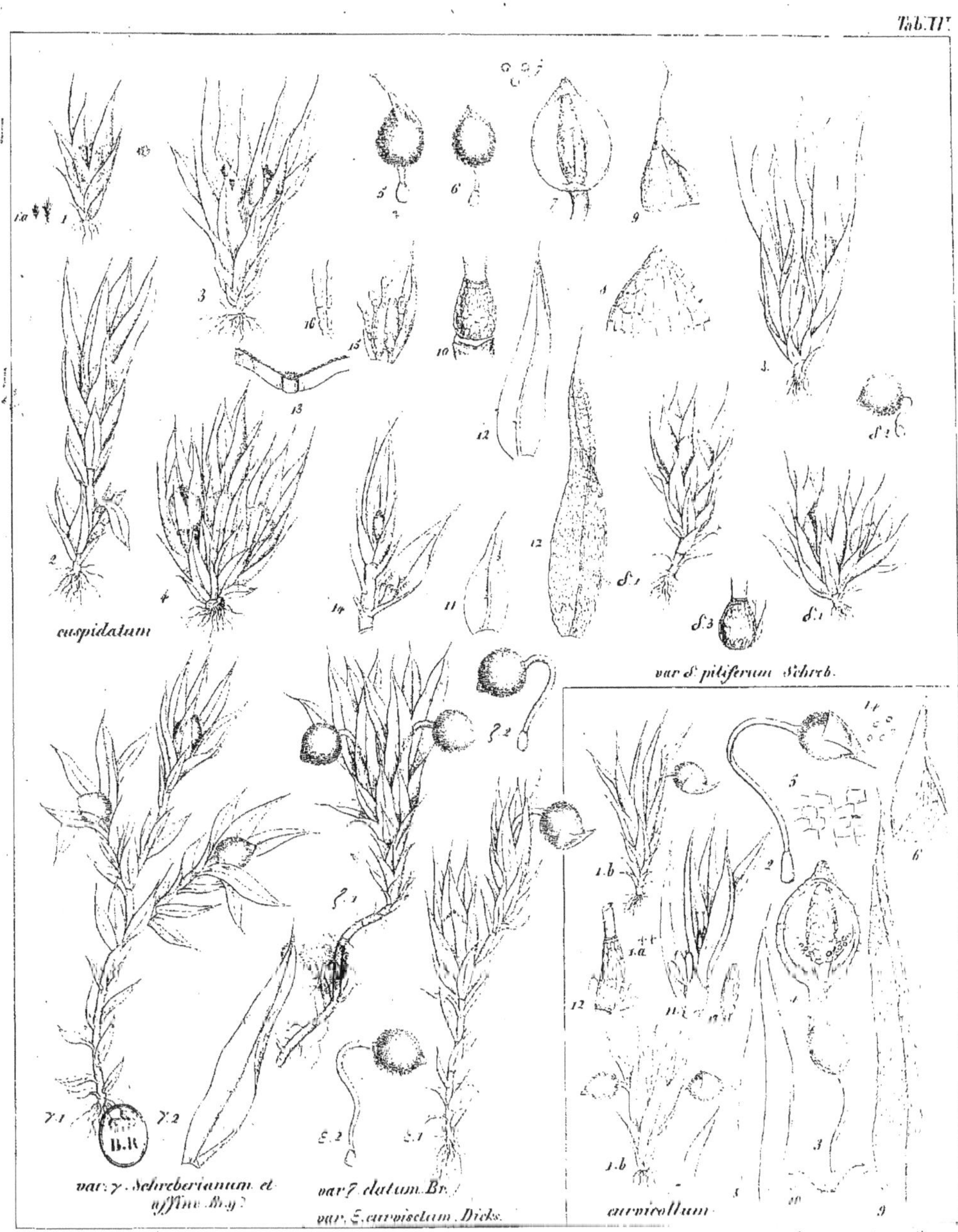

Auctores ad nat delin.

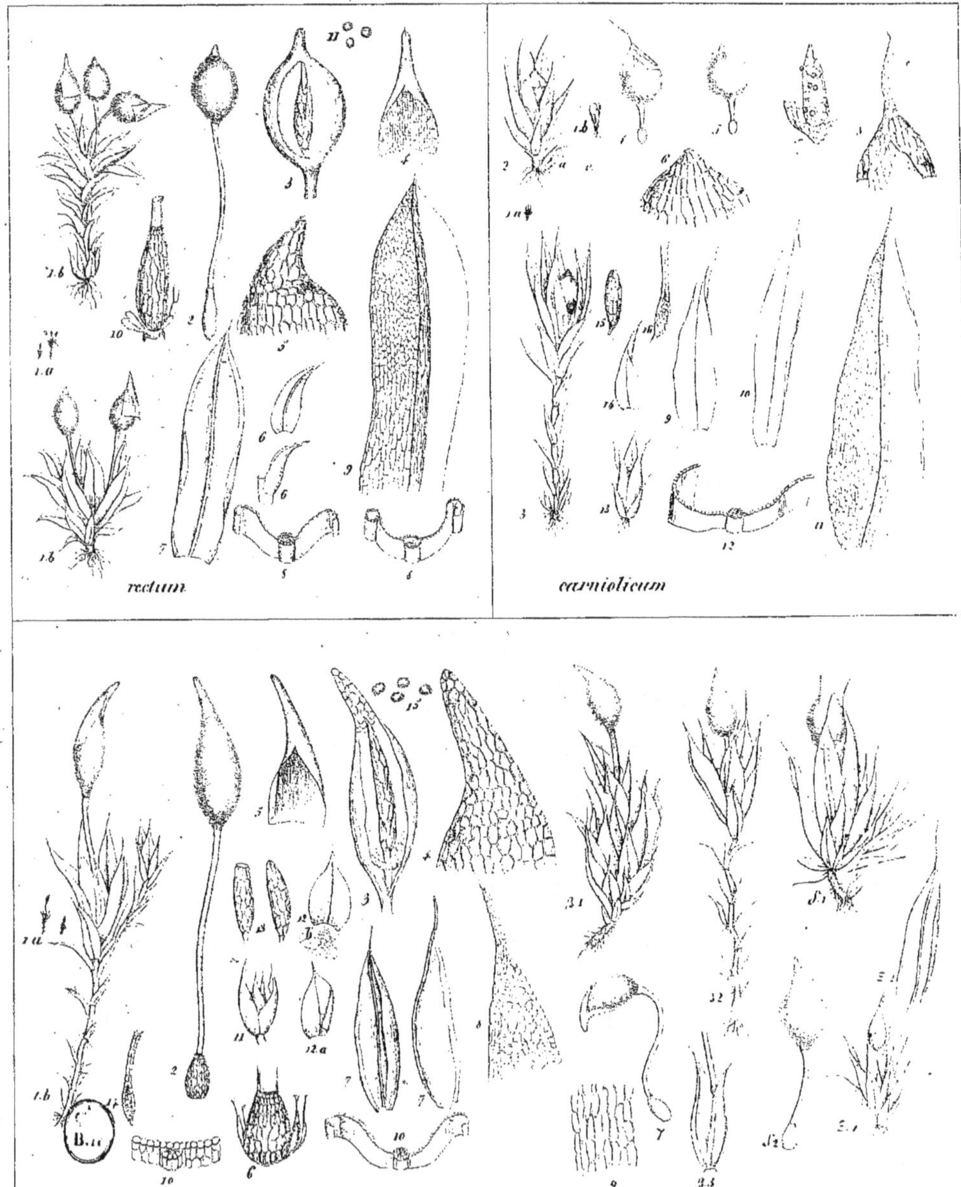

rectum

carniolicum

bryoides

PHASCACEAE
Phascum

Tab. VI.

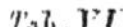

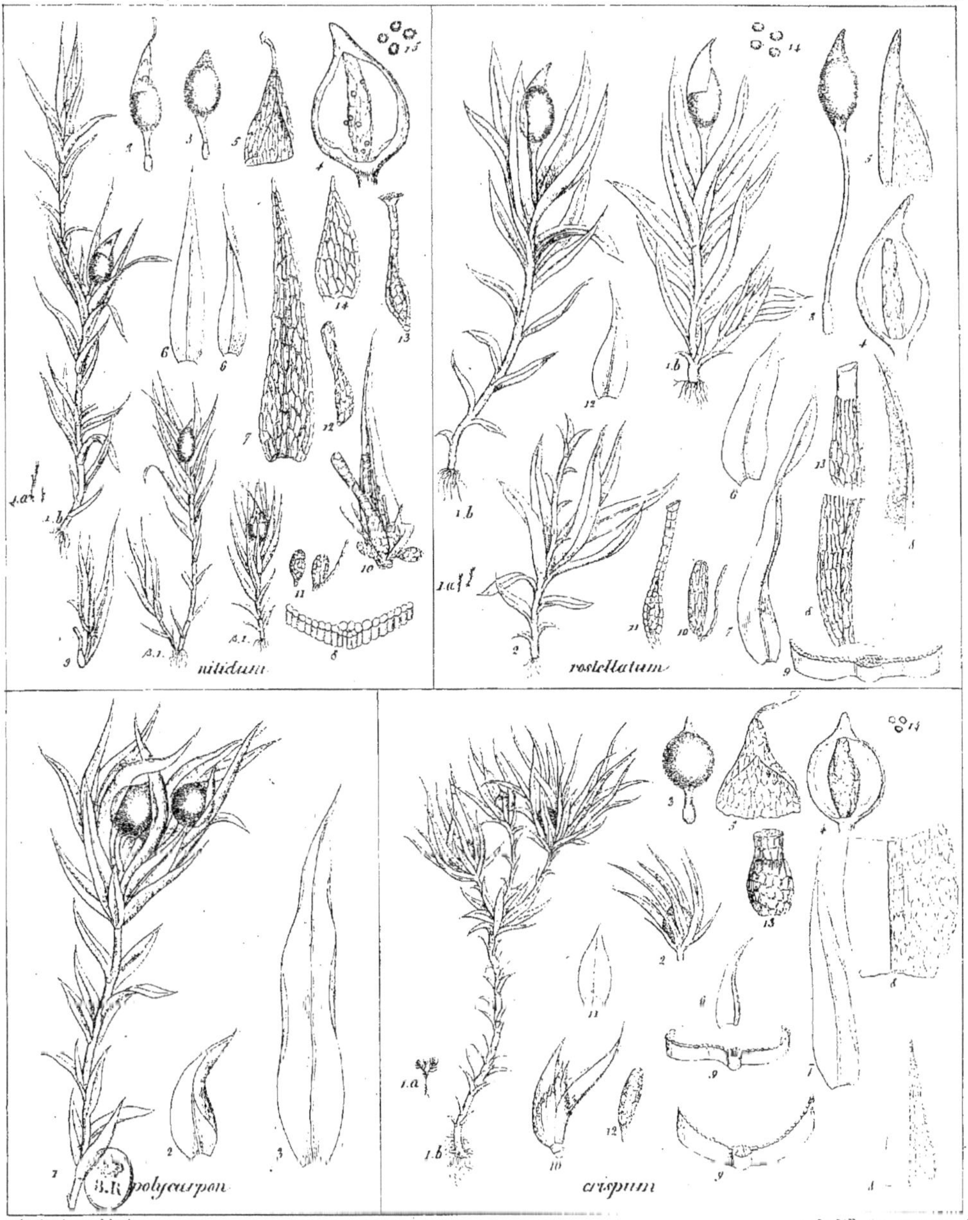
nitidum
rostellatum
polycarpon
crispum

Aut. ad nat. delin.

Lith. & E. Simon

Tab. VII

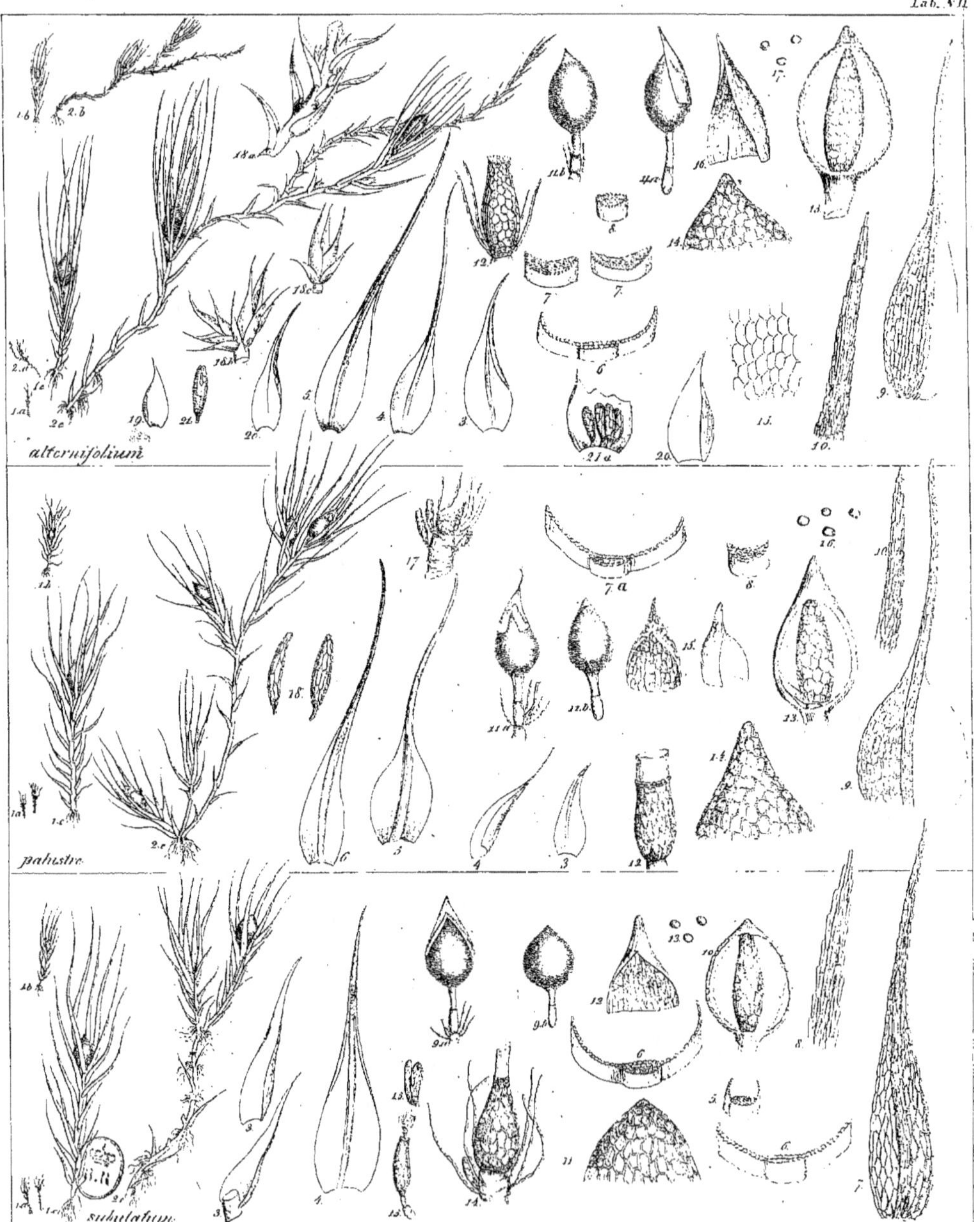